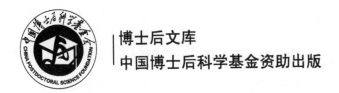

博士后文库
中国博士后科学基金资助出版

激光控制高超声速波系
结构新方法

王殿恺 著

科学出版社
北京

内 容 简 介

本书针对高超声速学科领域比较新颖的等离子体主动流动控制研究方向，充分利用激光方向性好、功率密度高、开启速度快、可控性强等优点，通过激光与激波耦合作用，对飞行器的流场进行重构，进而达到控制飞行效能的目的。选题是气体动力学和激光应用的新的交叉学科前沿，研究内容涉及当前高超声速学科领域研究的热点和难点问题，建立了可严格时序同步控制的高超声速流动控制脉冲实验平台，结合高精度的非侵入式测量方法，揭示了激光等离子体控制高超声速波系结构的机理，提出了决定激光能量与高超声速流场相互作用的无量纲因子，具有较高的理论价值和潜在的应用前景。

本书可为流体力学、航空航天等专业从事等离子体流动控制、高超声速和激光工程应用研究的科研人员提供参考。

图书在版编目(CIP)数据

激光控制高超声速波系结构新方法/王殿恺著. —北京：科学出版社, 2018.3
(博士后文库)

ISBN 978-7-03-056673-7

Ⅰ. ①激… Ⅱ. ①王… Ⅲ. ①激光应用–高超音速飞行器 Ⅳ. ①V47

中国版本图书馆 CIP 数据核字(2018) 第 041176 号

责任编辑：周　涵／责任校对：邹慧卿
责任印制：徐晓晨／封面设计：陈　敬

科学出版社出版
北京东黄城根北街 16 号
邮政编码：100717
http://www.sciencep.com

北京虎彩文化传播有限公司 印刷
科学出版社发行　　各地新华书店经销

*

2018 年 3 月第　一　版　开本：720×1000 1/16
2019 年 1 月第二次印刷　印张：11 1/4
字数：225 000

定价：78.00 元
(如有印装质量问题，我社负责调换)

《博士后文库》编委会名单

《博士后文库》序言

　　1985 年，在李政道先生的倡议和邓小平同志的亲自关怀下，我国建立了博士后制度，同时设立了博士后科学基金。30 多年来，在党和国家的高度重视下，在社会各方面的关心和支持下，博士后制度为我国培养了一大批青年高层次创新人才。在这一过程中，博士后科学基金发挥了不可替代的独特作用。

　　博士后科学基金是中国特色博士后制度的重要组成部分，专门用于资助博士后研究人员开展创新探索。博士后科学基金的资助，对正处于独立科研生涯起步阶段的博士后研究人员来说，适逢其时，有利于培养他们独立的科研人格、在选题方面的竞争意识以及负责的精神，是他们独立从事科研工作的"第一桶金"。尽管博士后科学基金资助金额不大，但对博士后青年创新人才的培养和激励作用不可估量。四两拨千斤，博士后科学基金有效地推动了博士后研究人员迅速成长为高水平的研究人才，"小基金发挥了大作用"。

　　在博士后科学基金的资助下，博士后研究人员的优秀学术成果不断涌现。2013年，为提高博士后科学基金的资助效益，中国博士后科学基金会联合科学出版社开展了博士后优秀学术专著出版资助工作，通过专家评审遴选出优秀的博士后学术著作，收入《博士后文库》，由博士后科学基金资助、科学出版社出版。我们希望，借此打造专属于博士后学术创新的旗舰图书品牌，激励博士后研究人员潜心科研，扎实治学，提升博士后优秀学术成果的社会影响力。

　　2015 年，国务院办公厅印发了《关于改革完善博士后制度的意见》（国办发〔2015〕87 号），将"实施自然科学、人文社会科学优秀博士后论著出版支持计划"作为"十三五"期间博士后工作的重要内容和提升博士后研究人员培养质量的重要手段，这更加凸显了出版资助工作的意义。我相信，我们提供的这个出版资助平台将对博士后研究人员激发创新智慧、凝聚创新力量发挥独特的作用，促使博士后研究人员的创新成果更好地服务于创新驱动发展战略和创新型国家的建设。

　　祝愿广大博士后研究人员在博士后科学基金的资助下早日成长为栋梁之才，为实现中华民族伟大复兴的中国梦做出更大的贡献。

中国博士后科学基金会理事长

前　　言

波系结构的控制对提高超声速和高超声速飞行器性能具有重要的意义。激光具有方向性好、功率密度高、开启速度快和可控性强等优点，在主动流动控制领域具有广泛的应用价值。本书作者在全面总结激光能量主动控制高超声速流场研究现状的基础上，针对高超声速飞行器可能面临的高驻点压力、高热流、高波阻、来流马赫数偏低时进气道来流捕获和压缩性能降低，以及马赫反射导致的高总压损失等问题，以激光能量注入为控制手段，开展了波系结构流动控制新方法的研究。

本书建立了高超声速流动控制脉冲实验平台，将流动控制的来流马赫数提高至高超声速区域，发展了高时间空间分辨率、高灵敏度、快速响应的非侵入式测量方法，并用实验验证了数值计算程序的可靠性。建立了马赫数为 5~7 的高超声速激波风洞、黑白和彩色纹影测量系统、激光能量注入系统，解决了纳秒级时间尺度的时序同步控制问题。采用短曝光和高速摄影技术将黑白纹影系统的时间分辨率提高至 100ns 量级，空间分辨率提高至 0.1mm 量级。解决了彩色滤光片制作的关键技术，结合高速摄影，发展了彩色纹影测量系统，大幅提高了系统灵敏度。①

本书研究了单脉冲和高重频激光能量与高超声速弓形激波 (bow shock, BS) 的相互作用机制，并以此为基础研究了高重频激光能量注入位置和大小对控制效果的影响，提出了激光参数的优选方法，高重频激光能量沉积能够在钝头体上游形成比较稳定的准静态波结构，可将低压区域维持在钝头体表面附近，驻点压力、热流和波阻分别降低了 41%、21% 和 30%。揭示了单脉冲和高重频激光能量控制Ⅳ型激波干扰的作用机制，以降低Ⅳ型激波干扰带来的高驻点压力和热流为目的，对高重频激光能量注入参数进行优化。利用高分辨率彩色纹影技术研究了斜激波和弓形激波的六种相互作用类型，给出了Ⅳ型激波干扰造成高驻点压力和热流的原理。实验和数值研究了单脉冲和高重频激光能量注入控制Ⅳ型激波干扰的作用过程，存在最佳的注入位置，使准静态波既可扩大与弓形激波的相互作用范围，又不因传播距离过远而使强度太弱。通过位置和能量的优化可使驻点压力、热流和波阻分别降低 65.5%、44.7% 和 50%，能量效率达到 5.3。将准静态波用于形成虚拟唇口以提高进气道性能，通过数值研究揭示了虚拟唇口的作用机制，研究了不同来流条件下的控制方案，提出了激光能量沉积位置和大小的选择原则。在唇口上游沉积高重频激光能量形成虚拟唇口压缩并使原本可能溢出的来流偏转进入内压缩段，

---

①本书为黑白印刷，读者扫描封底 "彩图二维码" 可查看本书彩图。

可实现气流捕获和压缩性能同时提高，且不对进入内压缩段的气流加热，体现了其优越性。研究了激光控制马赫反射结构的机理和方法，对激光能量注入位置和大小进行了优化，并给出了典型状态下的实验研究结果。

在研究过程中，激光推进及其应用国家重点实验室为实验研究条件建设提供了良好的基础和平台，我的博士生导师洪延姬研究员和博士后合作导师任玉新教授给予了无私的帮助和耐心指导，我的同事李倩、叶继飞，研究生吴文堂、李晶、王金霞、赵伟密切配合了研究和写作工作，中国博士后科学基金和国家自然科学基金提供了研究经费，在此向以上单位和个人表示衷心感谢。

限于作者水平，书中涉及的研究内容和写作方法还存在不足，诸多问题还有待继续研究和探索，恳请同行专家及广大读者提出宝贵的意见。

作　者

2017 年 7 月

目　录

第1章 绪 论

高超声速飞行器面临着空气动力学的诸多难题,流动控制是解决这些难题的有效方法。与传统流动控制方式相比,激光在功率密度、可控性、方向性等方面存在着多方面的优势,为流动控制技术的发展和应用提供了可喜的新方向。

本章首先介绍高超声速飞行器流动控制的概况,阐明本书的研究背景和意义,然后依据激光流动控制在飞行器上应用对象的不同,分别介绍五种控制方法的研究现状和最新进展,基于此,分析总结当前国内外研究现状和发展趋势,并提出对我国的发展建议,最后简单介绍本书的研究内容框架和逻辑思路。

1.1 高超声速飞行器的流动控制概念

高超声速飞行器具有飞行速度快、巡航高度高、突防能力强等作战特点,与火箭运载器不同,吸气式高超声速飞行器自身并不需要携带氧化剂,它直接从大气中吸取空气用于燃料燃烧,因而在航程、结构重量等综合性能上更具优势和空天应用前景。高超声速的英文单词 ——hypersonic,是著名科学家钱学森先生在 1946 年最先采用的,后来在全世界流行开来,而且他本人也是高超声速技术的最早倡导者之一。1967 年,X-15-2 达到创纪录的马赫数为 6.7 飞行速度和 31.3km 的飞行高度,但是由激波相互作用带来的严重气动热载给飞行器带来了近乎毁灭性的损伤,美国国家航空航天计划 (National Aero Space Plane, NASP) 已经将气动热载作为设计高超声速飞行器的关键问题之一[1]。主动流动控制是当前流体力学的一个重要研究领域,它通过在局部区域输入少量能量,改变流场原有特性,获得局部或全局的流动变化,使飞行器的性能得到明显的改善[2]。

人们普遍将马赫数大于 5 的飞行称为高超声速飞行,然而马赫数并不能作为判别高超声速飞行的唯一标准,小至 3 或者高达 12 的马赫数都有可能是高超声速的底限马赫数。之所以将高超声速区别于超声速作为独立的研究领域,有三个根本原因[3]:① 在高超声速飞行时,激波层将会很薄,而且激波形状与飞行器外型往往很接近;② 由于激波层很薄,钝头体附近激波高度弯曲,使得靠近锥面的流线上具有高熵值,而且锥面附近流线之间熵梯度较大,在物面附近形成一层低密度、中等超声速、低能、高熵、大熵梯度的气流,即熵层;③ 高超声速飞行时雷诺数较低,使边界层的厚度往往与激波层相当,从而导致黏性干扰非常明显,强烈的黏性干扰导致斜激波变形为弓形激波 (bow shock, BS)、飞行器表面变压力重新分布、前缘热载升高等问题，黏性干扰是现代高超声速气动研究的主要领域之一；④ 高温激波层内存在高温气动效应，使得空气摩尔热容比 γ 不再是常数，导致传统的气动方程不能描述高超声速飞行的真实情况。剧烈的表面热传导对高超声速飞行器的设计提出了严苛的要求，成为飞行器设计的主导因素之一。超燃冲压发动机 (scramjet) 是实现高超声速飞行的核心，它必然面临着高超声速环境带来的诸多挑战，其结构如图 1.1[4] 所示，包括进气道、隔离段、燃烧室和尾喷管四个主要组成部分，其中进气道的作用是通过前体激波捕获并有效压缩超声速来流，为发动机其他部分的后续过程做准备，它包括外压缩段和内压缩段。在高超声速飞行时，进气道面临着由来流马赫数偏离设计值、激波/边界层相互作用、激波相互作用等诸多因素带来的进气不起动、边界层分离、局部高温高压、高总压损失等问题的挑战，使得对进气道的流动控制成为必需。

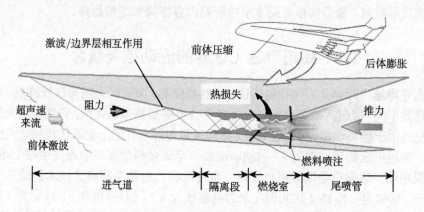

图 1.1 超燃冲压发动机主要结构和流场示意图

　　虽然流动控制是一个古老的课题，普朗特早在 1904 年就已经提出用吹/吸边界层来延缓气流分离的方法，但是随着控制手段和测量技术的发展，流动控制在超声速研究领域展现出了强大的生命力。根据是否向流场中注入能量，流动控制可分为主动控制和被动控制。被动流动控制是指通过在流场中施加扰流片、粗糙元、离散孔阵列、沟槽、表面层吸除等进行的控制。高超声速流场的主动控制对象包括波系结构、飞行器阻力、气动热载、边界层分离和转捩、激波/边界层相互作用、燃料燃烧等，已经引起了广泛关注。等离子体是一种重要的能量注入方式，其最明显的优点是这类制动器的响应是高度可调的。前缘流动控制技术用于降低阻力和热传导，以及阻止可能在唇口发生的激波相互作用；近表面流动控制技术用于降低表面摩擦，控制激波/边界层相互作用和边界层转捩，以及控制内进气道的激波位置。普林斯顿大学的 R. B. Miles[5] 回顾了三类等离子体提高高超声速发动机性能的技术，包括：①利用脱体等离子体减阻、控制及提高进气道性能；②用表面或近表面等离子体减轻局部受热和控制分离；③由电子束和等离子体控制燃烧，增强引擎内部性能，并在流场其他区域用于局部加热。在高马赫数下，空气被充分地加热，使得通过碱金属掺混的平衡离子的磁流体力学 (magneto hydrodynamics, MHD) 能量抽取成为可能。2003 年，D. Knight[6] 回顾了能量沉积在控制高速气流方面的研究进展情况，能量沉积方式包括激光脉冲、电弧放电、微波、电子束、辉光放电等，流动控制的应用范围包括减阻、提高升力和力矩、增混、改变激波结构、MHD 流动控制等。等离子体主动流动控制在高超声速进气道的潜在应用方向如图 1.2[6] 所示。

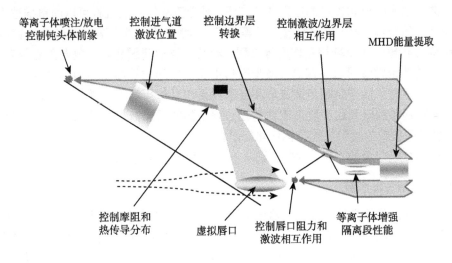

图 1.2　主动流动控制在高超声速进气道中的潜在应用方向

本书针对高超声速飞行器面临的高波阻、高驻点压力和热流以及提高进气捕获、降低总压损失等问题，分别研究以激光能量注入的方式控制弓形激波、Ⅳ型激波干扰、来流马赫数低于设计马赫数时的进气道波系结构，以及马赫反射结构，研究主要具有以下三个方面的意义。

(1) 研究能力层面，建设完成一套完整的激光能量主动控制高超声速流场的研究平台，突破高超声速流场诊断的关键技术，将主动流动控制的来流马赫数提高至高超声速领域，对于提高流场诊断水平、提升实验研究能力具有建设性的意义。

(2) 科学层面，利用激光能量在流场原有波系结构上附加准静态波，利用准静态波与波系结构的相互作用使流场向着提高飞行器性能的方向变化，从而减小驻点压力、热流和阻力，提高进气道性能。本研究属于流动控制领域的前沿学科，对于揭示高重频激光沉积形成准静态波机理、准静态波与流场相互作用机制，阐明激光能量主动流动控制的作用机理具有重要意义。

(3) 应用层面，针对高超声速来流条件下的弓形激波、Ⅳ型激波干扰和进气道

波系结构,分别提出可行的、适用性较强的控制方案,为降低高超声速飞行器驻点
压力和热流、降低波阻、提高进气道来流捕获和压缩性能,以及降低总压损失提供
方法并优化控制参数,为高超声速飞行器主动流动控制提供一种新的技术途径,从
而实现节约能耗、提升飞行器性能的目的。

1.2　国内外研究现状

激光在流动控制领域的应用非常广泛,激光流动控制的过程可以简单描述为:
激光能量的传输、激光击穿空气形成等离子体、激光维持的爆轰波的形成、各种波
系结构与高超声速流场相互作用等过程。涉及的科学问题包括:激光在复杂流场
中传输的非定常辐射输运问题,激光聚焦击穿空气形成等离子体的辐射流体动力
学问题,等离子体与高超声速流场和复杂波系相互作用的非定常复杂流体流动问
题,同时延伸到研究这些复杂流动问题必须用到的瞬态流场参数的诊断和测量方
法,以及多参数的减阻性能指标优化问题。

依据控制对象的不同,本书分别从五个方面介绍国内外研究现状。

1.2.1　控制弓形激波

弓形激波将给高超声速飞行器带来较高的波阻、驻点压力和热流。采用能量沉
积控制弓形激波的原理是在飞行器前特定的区域内注入能量,增大来流总压损失,
改变飞行器的流场结构,从而改变钝头体表面的压力分布,达到降低驻点压力和减
小飞行器波阻的目的[7-15]。未施加主动控制的弓体激波如图 1.3(a) 所示,如果在钝
头体飞行器前面注入激光能量,形成 "锥" 形的激光等离子体高温高压区域,弓形
激波畸变为斜激波,波阻和驻点压力将大大降低,如图 1.3(b) 所示。

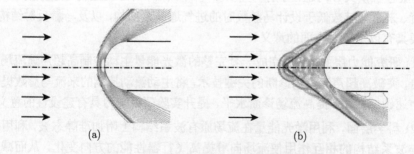

(a)   (b)

图 1.3　激光等离子体控制弓形激波示意图

1998 年, D. Riggins[16] 的研究结果表明,能量沉积减阻在降低阻力的同时也
可以减小热流,且阻力可以减小至 30%。近些年,研究者们对激光能量沉积减阻性
能的研究结果表明,沉积位置不同,减阻性能有较大的差别[17]。1999 年, Riggins

等[18] 系统研究了沉积位置对减阻性能的影响, 采用轴对称模型, 马赫数为 10, 平均功率为 800W, 仿真了 L/D 从 0.9 到 2.55 变化时 (其中 L 为能量沉积点距钝头体表面驻点的距离, D 为钝头体直径), 阻力及能量效率随沉积位置的变化规律。研究结果表明能量沉积位置从 0.9 变化到 2 时, 阻力急速下降, 从原来的 0.76 下降到 0.30, 当沉积位置继续远离钝头体, L/D =2.55 时, 归一化阻力稍有上升, 为 0.31。能量效率 S 随着 L/D 增大呈先增大后减小的趋势, 当 L/D =2 时, S 达到最大为 33, 随着 L/D 的继续增大, S 开始减小。对于该模型及在模拟条件下, L/D =2 为最佳位置, 在此位置阻力达到最小且效率最高。但对于不同的模型和来流条件, 该结论是否成立需要进一步验证。

2005 年, L. N. Myrabo[19] 等采用数值模拟的方法计算了马赫数为 10.1, 静压为 38.6Pa, 静温为 37.7K, 注入的平均功率为 7.5kW 条件下, L/D =0.6 和 L/D =2.0 两种能量沉积位置对减阻效果的影响。数值模拟结果表明, 当 L/D =0.6 时, 阻力从 70.33N 减小到 48.3N, 减小了近 35%; 当 L/D =2.0 时, 阻力会继续减小, 计算结果是 13.3N, 气动阻力降低了 80%。能量注入时钝头体表面压强降低, 随着能量沉积位置远离钝头体, 表面的压强也逐渐减小。当 $L=2D$ 时, 驻点压强下降到无能量注入时驻点压强的 1/6 左右。

A. Sasoh 等[20-25] 在马赫数为 2.0 的超声速连续风洞中进行了高重频激光能量沉积减阻实验, 风洞静压 13.8kPa, 静温 163K, 实验段长宽均为 80mm。当单脉冲能量为 8mJ、频率为 80kHz 时, 减阻效率达到最大值 10, 其实验装置照片和光路布局如图 1.4 所示。

2005 年, C. Misiewicz 等[26] 模拟了来流马赫数为 10.1 条件下, 直径为 6in①。钝头体在不同能量作用下阻力的变化规律, 计算结果表明随着能量的增大, 阻力越来越小。2008 年, T. Sakai 等[27,28] 采用数值模拟的方法研究了来流马赫数为 2, 点火位置 L/D =2 时重复频率对减阻效果的影响, 并研究了激光 "空气锥" 减阻技术适合的飞行器构形, 研究结果表明当频率较低时, 阻力存在振荡, 随着频率的增大, 振荡减弱直到形成稳定的阻力。

E. Erdem 等[29-31] 利用高速纹影技术分别用实验研究了单脉冲激光能量聚焦和高压放电击穿静止空气和高超声速气流后的流场演化特性, 控制对象包括马赫数为 5 来流中截锥体产生的弓形激波和平板边界层, 结果表明弓形激波在激光能量注入后显著减弱了, 激光能量沉积引致了平板边界层的分离, 产生了分离激波。

D. Sperber 等[32] 采用调 Q Nd:YAG 激光器击穿马赫数为 2.1~2.7 的超声速氩气来流, 然后采用聚焦的 CO_2 激光维持等离子体, 等离子体在钝头体上游形成稳定的斜激波以控制弓形激波, 减小波阻。在激光器脉冲平均功率达到 5.4kW 时,

---

① 1in=2.54cm。

马赫数为 2.1 流场中的波阻减小 55%，马赫数为 2.7 流场中的波阻减小 60%。纹影实验照片与数值模拟得到的密度梯度对比如图 1.5 所示，其中来流马赫数为 2.1，来流静压为 10^5Pa，激光脉冲平均功率为 5.2kW，计算与实验结果吻合良好，高低密度区对比明显，在激光能量沉积区下游形成了剪切层 (shear layer, SL)。

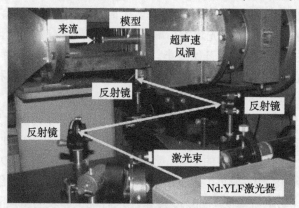

图 1.4 A. Sasoh 课题组实验装置照片和光路布局

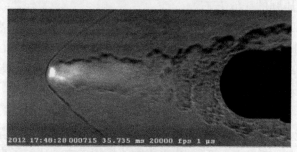

(a) 纹影实验照片

(b) 密度梯度计算结果

图 1.5 D. Sperber 的实验和计算结果对比

国内方面，激光推进及其应用国家重点实验室的洪延姬等[33-38] 针对高重频激光能量形成空气锥减小超声速波阻开展了大量的数值研究，得到了多种因素对减阻性能的影响，并提取了无量纲的能量因子，探索了激光减阻的能量相似率。

1.2.2 控制Ⅳ型激波干扰

激波干扰在高超声速飞行中也是一种常见的现象，尤其是斜激波与弓形激波的 Edney Ⅳ 型相互作用，对发动机性能都有着深刻的影响。1968 年，Edney[39] 根据入射激波与弓形激波相对位置的差异，确定了六种不同类型的相互作用，如图 1.6 所示。作用类型Ⅰ、Ⅱ和Ⅴ导致激波/边界层相互作用；类型Ⅲ产生了可能附着于钝头前缘的剪切层，引起高的热传导范围；类型Ⅳ产生了超声速喷射，与前缘相切或相撞；类型Ⅵ导致膨胀扇面和边界层的相互作用。

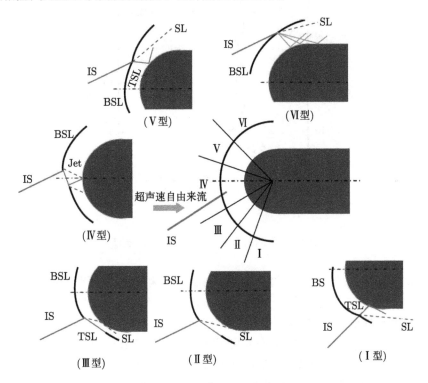

图 1.6　六种激波相互作用图示

IS. 入射斜激波；TSL. 透射激波；BSL. 弓形激波；SL. 剪切层；Jet. 超声速喷射

当斜激波与弓形激波的法向附近相交时产生的Ⅳ型相互作用产生了最明显的压力且热传导升高。此作用产生了超声速喷射，流动在此喷射中高效地压缩，然后与前缘相撞。A. Wieting[40,41] 的研究表明存在Ⅳ型激波干扰时产生的峰值压力与热流是只有弓形激波时的 20～40 倍，并随自由流马赫数和入射攻角的升高、比热比的降低而升高，如图 1.7 所示。实验与计算表明IV型激波干扰条件下，压力载荷通常是其他类型激波干扰的 30 倍以上[42]。高的热传导率给前缘设计提出了严峻的耐受力的问题，并且IV型激波干扰通常是不稳定的，会产生不稳定的热应力，这限制了唇口的使用寿命[43]。

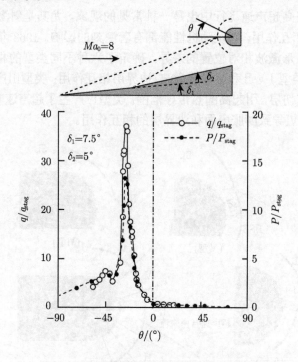

图 1.7 双入射激波的热传导和压力分布

2000 年，Kogan 等[44,45] 通过在来流上游加入连续热源，从而改变IV激波干扰的波系结构，达到控制IV型激波干扰的目的。Gaitonde[46] 利用磁气体动力学 (MGD) 技术验证了几种电磁体结构控制IV型激波干扰的方法，将流场置于磁场中，IV型激波干扰的弓形激波向前位移，使得激波干扰的作用点在一个更低的位置，形成III型激波干扰。在该项研究中，最成功的尝试是将马赫数为 8 的流场置于磁感应强度为 8T 的磁场中，最大表面热载荷减小了 20%。新泽西州立大学的 Russell G. Adelgren 和 D. Knight[47-50] 进行了一系列通过激光引致空气的击穿实现能量沉积的实验。单脉冲能量超过 600mJ，分别在静止空气、马赫数为 3.45 气流中圆柱面的上游、Edney IV型相互作用、双解域的激波反射结构和可压缩剪切层中沉积激光能量，研究激光等离子体在流动控制中的应用。纹影拍摄了单脉冲激光等离子体对 Edney IV型相互作用波系结构的影响，压力测量结果表明，在孤立圆球表面上游沉积激光能量，可使驻点压力降低 40%；存在Ⅳ型激波干扰时，峰值压力降低 30%；证明了将激光用于超声速流动控制的可行性。2004 年，Kandala[51] 计算了在马赫数为 3.45 的流体中，激光能量注入对Ⅳ型激波干扰的影响，模拟了 160mJ 的单脉冲激光能量在上游各个位置注入，对Ⅳ型激波干扰的影响，结果是在高温区域暂时改变了马赫数分布，使激波碰撞变形，改变了Ⅳ型激波干扰的激波结构，暂时增加了压强与热流，然后高温区域导致弓形激波变形，Ⅳ型激波干扰的波系结构发生改变，这时压强与热流大大减小，随后恢复原来状态。H. Yan 和 D. Gaitonde[52-54] 计算了激光能量注入对激波相互作用的影响，结果表明能量的注入可以显著改变流场压力和温度分布，有效地降低了飞行器表面的压载和热载。H. Yan[55,56] 还实验研究了激光能量和壁面放电在静止空气中的沉积特性，实验得到的激光引致的爆炸波传播特性、温度、压力以及速度与数值计算结果吻合良好。

国内学者在激波干扰方面的研究起步较晚，并且仅在数值计算方面有所研究。1994 年，29 基地研究者邓小刚等[57] 通过数值求解 Navier-Stokes(N-S) 方程模拟了激波干扰流场。2003 年，北京航空航天大学研究者阎超等[58] 将 AUSM 上风格式应用于数值模拟半球绕流激波碰撞干扰的流动中，重现了该流动在定常来流条件下的非定常特性。2004 年，国防科技大学研究者田正雨等[59-61] 说明了Ⅳ型激波干扰内在的非定常性机理与影响因素，并对超燃冲压发动机唇口的气动加热问题进行了模拟。

1.2.3 控制进气捕获

进气道的作用是捕获并高效压缩空气来流，为发动机其他部分的后续过程做准备。外压缩型进气道的最佳几何构型是众所周知的 "激波在唇口上"(shock on lip, SOL)[62]，压缩斜面波汇集在唇口上，反射波入射于进气道肩部。进气道的起动和不起动两种状态分别如图 1.8(a) 和 (b) 所示。进气起动时，稳态的超声速流贯穿于会聚的内部，捕获量达到设计值。进气不起动时，唇口上游出现边界层分离，进气道喉部产生阻塞，唇口出现高的峰值压强，压强分布极不稳定。总地来说，相对于起动的进气道，不起动的进气道捕获空气少、效率低、气动和热负载大。

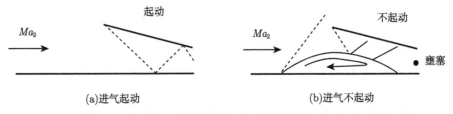

(a)进气起动　　　　　　　　　(b)进气不起动

图 1.8　进气起动和不起动的状态

造成进气道不起动的原因很多，其中最典型的是来流马赫数偏离了设计马赫数。高超声速进气道依靠前体激波捕获并压缩气流,激波角由马赫数决定,因此在飞行马赫数高于或低于设计马赫数时,均不能形成 SOL 情形。在马赫数低于设计值时,溢出就会发生,空气捕获量降低。当飞行马赫数高于设计马赫数时,前体激波直接进入内压缩段,在壁面产生反射激波,可能引起边界层分离和较高的总压损失,导致进气不起动,如图 1.9 所示。数值计算结果表明,前体折转角为 7.5°、设计马赫数为 6.2 的进气道在来流马赫数为 5.0 时,空气捕获量仅为设计值的 63%。

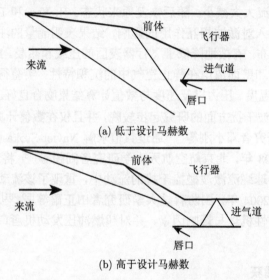

(a) 低于设计马赫数

(b) 高于设计马赫数

图 1.9 来流马赫数偏离设计马赫数造成进气不起动

偏离设计马赫数时进气道的来流捕获量将大大降低。为避免由此造成的性能损失或者进气不起动,可以采用变几何进气道[63-65],但是改变几何构型的机械系统将比较重[66-68]。另一个可行方法就是向流场中注入或抽取能量,等离子体和多种磁流体动力学设备为流动控制和进气道优化提供了可行方案。

2003 年,美国普林斯顿大学的 M. N. Shneider 等回顾了该课题组用能量注入的方式在唇口上游形成虚拟唇口的设想,如图 1.10 所示。在前体激波与唇口上游延长线的交点处注入微波、聚焦激光或电子束等定向能,形成加热区域,利用该区域温度或压强的提高使来流偏转,产生一道相当于前体激波入射于固体唇口之后的反射激波,使得进入进气道气流质量增加[69]。此方法的一个重要优点是捕获的空气极少或没有被加热,因此与加热相关的熵增和总损失就可以极小。他们对虚拟唇口的优化设计进行了较为详细的数值研究,结果表明在唇口上游由能量沉积产生的虚拟唇口可以充分提高进气捕获质量和动能效率,虚拟唇口可以接近或达到用固体唇口扩展的方法才能获得的性能[70-73]。在马赫数为 6 的条件下,沉积进气道内焓通量 2%~3.5% 的能量,可以使进入进气道的质量流率和压缩比提高

15%～20%，动能效率没有损失。

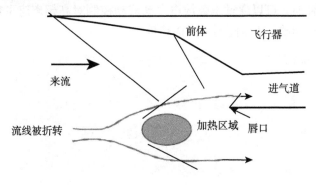

图 1.10 虚拟唇口概念

美国普林斯顿大学的 R. B. Miles 等[74,75] 利用 MHD 流动控制扩展进气性能，提高飞行马赫数偏离设计马赫数时的进气捕获。他们利用带电空气在磁场中运动时受的体积力，控制入射激波位置，如图 1.11 所示。MHD 方法的优点是用电子束作为离子发生器，使得用于空气离子化的能量降至最低，并且采用发电机模式，不需要专门用于运行 MHD 设备的能量，其缺点是焦耳加热造成总压损失，而且磁体和其他发电部件造成重量增加。该方法使斜激波的马赫数升高或降低，一方面是因为焦耳效应，另一方面更加值得注意的就是与流动同向或反向的体积力。体积力可以提取能量，所以控制系统可以在使斜激波入射在进气道唇口上的同时，从流动中抽取能量，降低流动的总温，潜在地扩展了进气道的运行马赫数。

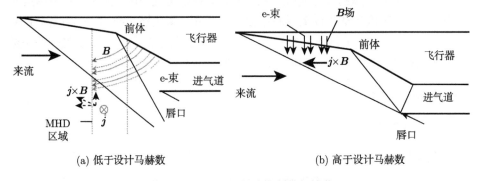

(a) 低于设计马赫数   (b) 高于设计马赫数

图 1.11 MHD 主动控制进气捕获

俄罗斯科学院高温研究所的 S. Leonov 等[76-79] 研究了在进气道内放电以控制斜激波位置和结构的方法，如图 1.12 所示。当来流马赫数低于设计马赫数时，在进气道唇口上游等离子层的产生，可以阻止不利的激波反射；当来流马赫数高于设计马赫数时，表面等离子体可将第二激波的位置向上游改变，并将第三激波反射的位置稳定在进气道唇口附近。他们通过实验研究得出结论：当高超声速飞行器偏离设计的飞行条件时，可以通过电弧放电主动流动控制对高超声速飞行器进气道处斜激波位置进行调整，从而控制来流捕获量。

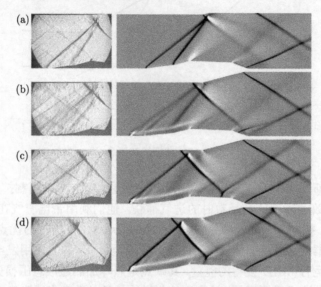

图 1.12   进气道内放电改变斜激波位置

哈尔滨工业大学的鲍文等[80] 采用 RANS 计算模型，数值计算了能量注入对高超声速进气道性能的影响，并研究了脉宽对控制效果的影响规律。未施加能量时的计算结果与国外文献的纹影实验结果相对比，激波图案、分离区和边界层厚度都吻合得很好，表明该方法可以揭示斜激波相互作用、膨胀波 (expansion wave, EW) 相互作用，以及获得内流场的主要特性。随着能量注入率提高 10%，质量捕获系数和总压恢复系数分别提高了 16.08% 和 6.26%。

1.2.4   控制边界层

1. 控制边界层分离

加速边界层是抑制边界层分离的一种有效手段，等离子体加速表面层的原理是通过等离子体与中性气体分子碰撞，将动量传递给气体分子使气流加速。这样可使翼型表面的最低压强点后移，从而延长顺压梯度段，缩短逆压梯度段，减小边界层的湍流度或抑制湍流涡系的形成，使边界层尽量保持层流状态。控制边界层流动的分离，使飞行器增升减阻，提高气动性能。等离子体的动量传输效应像有风推动气流一样，所以也被称为 "离子风" 或 "电风"。

2002 年，俄罗斯科学院 S. Leonov 等[81] 进行了等离子体主动流动控制边界层方面的研究，对分离区进行了表面放电特性及流动特性分析。发现等离子体可以进行边界层分离控制、维持层流–湍流转捩的稳定、控制激波位置，其机理是边界层注入等离子体能量形成局部高温高压区域和激波，激波与边界层相互作用，在边界层诱导出流动分离。2006 年，美国普林斯顿大学的 S. H. Zaidi[82] 尝试利用磁力驱动的表面等离子体加速近表面的流动。风洞马赫数为 2.8，磁感应强度可变 (最高 2.0T)。结果表明放电区域流速是中性气体流速的几倍，并且随着磁感应强度的提高而提高。皮托探针测量表明磁场加速等离子体影响了近壁面的流动，为边界层加速和流动控制提供了一种潜在的方法。2009 年，普林斯顿大学的 Kalra 等[83] 采用丙酮的激光平面散射法 (APLS) 对超声速边界层分离结构进行了流动显示，并采用磁流体控制边界层分离。他们在马赫数为 2.6 的来流中用 14° 的斜劈产生斜激波，在斜激波与边界层相互作用产生的分离区内放电，然后用磁力驱动带电流体以抑制回流。流场经过 532nm 滤光片以保证照片能反映丙酮的密度分布，曝光时间 1ms 得到的照片如图 1.13 所示。与未施加等离子体的流场相比，磁力驱动使丙酮在流场内的分布更加均匀，分离区高度降低，这说明该方法有效地减弱了回流。2011 年，美国空军研究实验室的 M. Atkinson[84] 通过解三维 RANS 方程，数值研究了表面放电等离子体对激波/边界层相互作用引起的边界层分离的影响，斜激波由 14° 斜劈在马赫数为 2.6 的气流中产生。研究结果与 S. H. Zaidi 等[85] 采用 MHD 方法的实验结果吻合较好，表明该方法可以降低激波/边界层相互作用引起的回流，其缺点是会引起局部热传导的升高和产生旋涡。

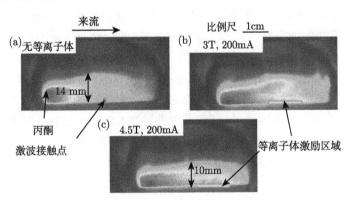

图 1.13　等离子体控制边界层分离的 APLS 流场显示

国内方面，2006 年，中国空气动力研究与发展中心的毛枚良等[86] 通过求解电势方程得到电场分布，通过求解带源项的 N-S 方程，研究了 1 个大气压下的均匀辉光放电等离子体对低速边界层流动的影响，考察了电场力做功对流动的影响，研究结果表明电场力总体上使边界层流动加速。空军工程大学的李应红等[87–93] 进

行了大气压等离子体流动控制初步实验，在等离子体激励器表面产生了大气压等
离子体，验证了不对称布局等离子体激励器诱导边界层加速的现象，在等离子体控
制斜激波、加速边界层和控制边界层分离方面开展了大量数值和实验研究，并在
国内首先建立了超声速 MHD 实验系统。中国科学院工程热物理所的李钢等[94,95]
通过求解电场中的拉普拉斯方程和亥姆霍兹方程的变形形式，建立了平板边界层
等离子体流动控制的数值模拟方法。2010 年，哈尔滨工业大学能源学院的刘华坪
等[96] 采用基于 Orlov 和 Corke 提出的电场力模型，将等离子体作用力耦合到流动
控制方程中，理论分析了等离子体对低速流 (马赫数 0.03 至 0.09) 中边界层的作用
机理和效果，并通过对平板边界层流动的数值模拟验证了理论分析结果。

2. 控制转捩

湍流及转捩是流体力学中的一个重要而又古老的问题，一直是流体力学的中
心问题之一，也被认为是经典物理中留下的最大难题[97]。高超声速推进系统前体
边界层的状态对推进系统内流道流态、工作性能和运行能力有着显著影响。对于
高超声速进气道来说，确保内流道进口为湍流边界层有利于增强其抵抗逆压强梯
度的能力、削弱或抑制可能的流动分离。在高超声速飞行条件下，一般在飞行器前
体的后半段，层流边界层才开始自然向湍流边界层转捩，这就使得边界层强制转捩
措施成为必需，例如，2004 年 X-43A 的两次飞行试验均在前体前缘采用了边界层
强制转捩带[98−100]。国际上已经针对控制边界层分离和诱发转捩展开了大量研究，
理论研究和数值模拟了包括湍流发生器、吹气、表面放电产生等离子体、激光能量
注入、MHD 等在内的多种被动和主动控制方式[101−104]，并采用了黑白和彩色纹
影、PIV 等先进测量手段进行了实验研究。

1994 年，南京航空航天大学的李京伯[105] 在德国宇航院哥廷根研究中心的低
湍流度风洞中进行实验，用大功率扬声器驱动器产生的声扰动经模型内管道及模型
表面上展向一排小孔传入边界层，证实了边界层的人工转捩位置可以用声激发扰动
控制。无论是基于吹气的主动控制还是基于湍流发生器的被动控制，都会产生较大
的流动阻力，因此，发展新型的高超声速边界层控制方法是必要的。1995 年，Steven
P. Schneider[106] 在普渡大学的静音超声速风洞中，采用聚焦 Nd：YAG 激光器在
自由流中产生可控的局部扰动，研究在可控条件下的感受性和层流–湍流转捩。激
光器波长 532nm，脉宽 7ns，单脉冲能量 240mJ，能量重复性在 3% 以内。可重复
的激波引致的由聚焦点向外发射的流动提供了一种校准高频流动感应器的新方法，
在马赫数为 4 的条件下成功产生了扰动。美国空军研究实验室的 J. D. Schmisseur
等[107,108] 与普渡大学合作，在来流中施加激光扰动，促进边界层转捩。他们还研
究了高超声速边界层对扰动的感受性问题，结果表明激光可以在边界层中生成湍
流结构，有可能用于对流动分离的控制、生成特定的湍流拟序结构、生成特定频率

的透射激波 (transmitted shock, TS) 等。他们还采用 MHD 和放电控制高超声速边界层转捩[109-111]，2003 年，Roger L. Kimmel[112] 综述了他们的工作，指出 MHD 可以抑制高超声速边界层转捩的发生。2006 年，Roger L. Kimmel 以及 Innovative Scientific Solutions 等机构的研究人员[113] 将表面放电用于高超声速流动边界层控制的研究，结果表明合理选择电极形状可以使产生的等离子体达到与楔形体或突起物对流场近似的影响效果。例如，等离子体 "虚拟楔形体" 可以减缓边界层升压，也可以增加边界层湍流度。2004 年，美国霍普金斯大学的 van Wie[114] 等采用等离子体对高超声速进气道大尺度入口流动进行控制，减小了表面摩擦，通过改变湍流边界层避免了激波和边界层的干扰，同时在机体前缘的等离子体流动控制还减少了阻力和传热。2005 年，德国 C. J. Kahler[115] 在布伦瑞克工业大学流体力学研究所的小风洞内实验研究激光等离子体对边界层的影响。PIV 速度测量结果表明表面外部的平均速度比边界层中的自然流速高 40%，这表明了此方法的有效性，以及此方法在应用于主动流动控制边界层的能力。2008 年，德国布伦瑞克工业大学的 Heitmann[116] 等指出，相对于施加粗糙元等被动控制方式，利用激光能量控制边界层具有能量的频率、大小和位置可调，而且非侵入性等特点，适于研究高超声速边界层的转捩机制。他们在布伦瑞克工业大学的高超声速 Ludwieg 管中利用激光脉冲能量沉积对超高声速边界层施加了控制。2011 年，Heitmann[117,118] 在马赫数为 6 的高超声速流场中，将 150mJ 的单脉冲激光聚焦在距壁面 5mm 的位置产生等离子体，他们还对该过程进行了数值模拟，证明了激光引致的爆轰波与边界层相互作用产生了第二模式的扰动，具备了诱发转捩的可能性，数值模拟得到的扰动波串如图 1.14 所示。

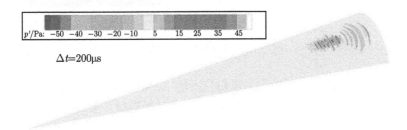

图 1.14 单脉冲激光与边界层相互作用产生的扰动波串

1.2.5 控制马赫反射结构

斜激波相互作用也是高超声速流场中常见的现象。两道斜激波相互作用时，可能出现正规反射 (regular reflection，RR) 或马赫反射 (Mach reflection，MR)[119]。马赫反射导致很高的总压损失，不利于超声速和高超声速发动机的性能。超声速飞行器不会被设计在出现马赫反射的条件下运行，然而在运行过程中马赫反射可能在短时间内出现，并且自由流的扰动也可能引致马赫反射。自由流马赫数设为 2.5，对称的尖楔角 θ 设为 16° 和 22°，分别计算出正规反射和马赫反射的典型流场结构，如图 1.15(a) 和 (b) 所示，其中左图为流场示意图，右图为计算结果的马赫数。马赫反射时马赫杆后的压力相当于正激波的波后压力，这导致总压损失很高，不利于超燃冲压发动机的性能，甚至导致发动机不起动。因此，控制激波结构的能力成为保证发动机运转性能的关键。

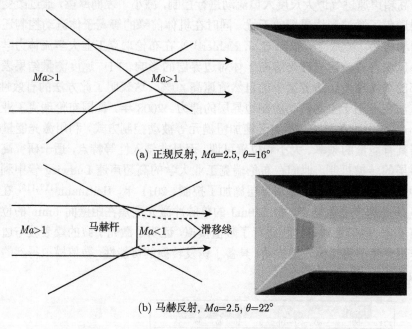

(a) 正规反射, $Ma=2.5$, $\theta=16°$

(b) 马赫反射, $Ma=2.5$, $\theta=22°$

图 1.15   正规反射和马赫反射

2003 年，俄罗斯理论与应用力学研究所的 D. V. Khotyanovsky 和美国新泽西州立大学的 D. Knight 对激光等离子体控制激波反射进行了数值模拟[120,121]，他们采用双楔形模型，在自由流马赫数为 4、气流折转角 $\alpha = 23°$ 的条件下将 0.1J 的单脉冲激光能量注入激波反射结构，成功地实现了控制正规反射到马赫反射的转变，注入能量后的流场演化过程如图 1.16 所示。

2004 年，美国明尼苏达大学的 R. Kandala 等[122-124] 建立了激光能量沉积控制超声速流场的数值模拟方法，研究了激光能量在空气中沉积产生等离子体促使马赫反射向正规反射转变，激光能量沉积采用了光线追踪模型，实现了激光能量沉积控制转变的目标，如图 1.17 所示。在 2005 年 R. Kandala[125] 的博士论文中还对不同的来流马赫数和入射角组合进行激光等离子体控制转变的数值模拟，结果表明在特定的马赫数和入射角度下能够实现转变，在某些不能实现转变的情况下激光能量注入可以使马赫杆高度变小，改善了马赫杆后的流场性质。

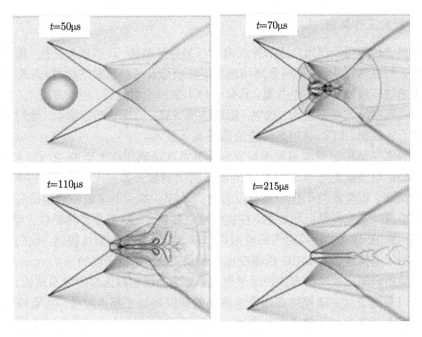

图 1.16 注入能量后的流场马赫数分布图

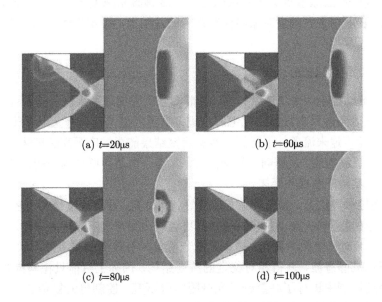

(a) $t=20\mu s$ (b) $t=60\mu s$

(c) $t=80\mu s$ (d) $t=100\mu s$

图 1.17 单脉冲激光能量促进马赫反射转变为正规反射

1.3　研究现状分析

1.3.1　研究工作总结

等离子体应用于高超声速的控制内容包括弓形激波、Ⅳ型激波干扰、偏离设计马赫数下的进气捕获、边界层分离和边界层转捩以及马赫反射结构等，几乎涵盖了高超声速进气道流动的各个方面，具有十分丰富的应用前景。控制方法上，国际学者的研究包括激光能量注入、放电、磁流体等方式；流场诊断方法上，他们采用了黑白和彩色纹影、PIV、APLS 等先进流场显示技术。

在等离子体控制激波相互作用方面，美国新泽西州立大学的 R. G. Adelgren 和 H. Yan，以及明尼苏达大学 R. Kandala 等的研究最具有代表性，他们分别对控制弓形激波、Ⅳ型激波干扰和马赫反射进行了深入细致的实验和数值研究，控制方式以单脉冲激光能量沉积为主。在控制进气捕获方面，美国普林斯顿大学 M. N. Shneider 和 R. B. Miles 等提出的虚拟唇口和 MHD 概念创新性较强，他们的数值研究证明了虚拟唇口和 MHD 的潜在应用价值；俄罗斯科学院的 S. Leonov 等则侧重于实验研究高压放电的方式控制进气捕获、边界层和内压缩段波系结构。

国内等离子体主动控制高超声速流场的研究尚处于起步阶段，实验研究方面空军工程大学李应红比较具有代表性，在来流速度较低的亚声速水平控制了边界层，在马赫数较高的超声速激波风洞进行了 MHD 发电和流场加速实验研究。激光推进及其应用国家重点实验室洪延姬在高重频激光减阻方面进行了比较深入的数值研究，在获得多种因素对减阻性能影响的基础上，提出了激光减阻的能量相似规律。

1.3.2　研究趋势及建议

(1) 在流动控制的来流速度方面，目前实验研究的最高来流马赫数为 3.45，高超声速的来流条件只在数值研究中有报道。高超声速飞行具有区别于超声速的固有特性，在超声速来流条件下得到的实验研究结果能否推广至高超声速领域，实现高超声速的流动控制，进而向工程应用发展，是一个值得研究的问题，建设高超声速流动控制实验平台成为必需。

(2) 在控制方法上，激光具有方向性好、亮度高、开启速度快和可控性好等优点，在空气中能量损失较小且较其他方式更容易击穿空气形成等离子体，因而值得特别关注。相对于单脉冲激光，高重频激光能量具有较高的减阻效率和能量效率，且能够形成准静态波，获得相对稳定的流场结构，国际上目前只在马赫数为 2 左右的超声速风洞中进行了高重频激光减阻实验研究，控制更为复杂的高超声速流场尚未开展，因而是一个值得关注的研究方向。

(3) 在控制目的上，学者们一般以减阻为目的控制弓形激波，以降低驻点压力和热流为目的控制Ⅳ型激波干扰，以提高进气捕获为目的施加虚拟唇口，以降低总压损失为目的控制马赫反射结构等。实际上激光能量注入对流场的影响是多方面的，在弓形激波或Ⅳ型激波干扰上游沉积高重频激光形成准静态波，改变弓形激波后气流的能量分布，有可能同时实现减阻、降压和防热，虚拟唇口在提高进气捕获量的同时，有可能增大飞行器热载，这些因素应当综合考虑，研究一体化的控制思想。

(4) 在控制方案上，国内外学者的研究大都在于说明主动控制超声速流场的作用机理和可行性，但是影响流动控制效果的因素也是多方面的，包括来流条件、能量注入大小位置、频率、脉宽、飞行器模型尺寸等，它们相互影响相互制约，须提出一种应用范围较广的、具有指导意义的规律性结果，针对不同的来流条件发展出优化控制方案，为工程应用奠定基础。

(5) 等离子体控制高超声速流场的深入研究依赖于实验技术的进步，尤其是流场测量技术。国际学者们提出了 PIV、APLS 等多种先进的光学测量技术，并利用这些技术取得了可喜的研究成果，但由于激光能量与高超声速流场相互作用过程复杂，流场演化时间尺度短，以及测量环境苛刻，目前仍有诸多流动细节尚需揭示，实验测量技术发展空间很大。非侵入式的高灵敏度高分辨率流场显示技术能够获得全局的流场信息，且不对流场造成干扰，具有广阔的应用前景。

1.4　本书研究内容

本书针对高超声速飞行器面临的高波阻、高驻点压力和热流以及偏离设计马赫数时来流捕获量降低等问题，采用注入激光能量的方式控制流场，拟开展的研究内容如下。

(1) 描述并验证数值计算方法，构建高超声速流动控制实验研究平台，以激光能量注入为主动流动控制方式，将控制对象的来流速度提高至高超声速领域；建立包括黑白和彩色纹影在内的流场显示系统，辅之以压力测量技术，时间分辨率达到 1μs 量级以上，空间分辨率达到 0.1mm 量级以上，开展典型实验证明其诊断水平。

(2) 开展单脉冲激光能量控制弓形激波的数值和实验研究，结合钝头体驻点压力随时间的变化曲线和时序纹影照片，分析单脉冲激光能量与弓形激波的作用机制，揭示激光能量注入降低钝头体驻点压力、热流和波阻的机理；以此为基础开展高重频激光形成准静态波控制弓形激波的数值研究，优化能量注入位置和大小，提出降低驻点压力、热流和波阻的方案。

(3) 结合彩色纹影实验和数值模拟分析Ⅳ型激波干扰的复杂波系结构以及高驻点压力和热流的产生机制。采用纹影实验研究单脉冲激光对Ⅳ型激波干扰的作用过程，结合数值模拟分析激光能量控制Ⅳ型激波干扰的机理，数值研究高重频激光形成准静态波控制Ⅳ型激波干扰，提出优化的抑制超声速射流 (supersonic jet, SJ)、降低驻点压力和热流的控制方案。

(4) 设计混压式二维进气道模型，分析来流马赫数低于设计马赫数对进气道性能的影响，数值研究高重频激光能量形成准静态波控制进气道波系结构，阐明虚拟唇口的形成和作用机制，优化能量注入位置和大小，研究不同来流条件下的控制规律，最终提出虚拟唇口的优化控制方案。

(5) 从高超声速进气道流动中提取典型的马赫反射结构，沉积脉冲激光能量后研究流场的变化发展过程，揭示控制机理。以马赫杆高度和总压损失为主要指标，分别研究能量注入位置和大小对控制效果的影响，提出可行控制方案。

本书研究思路如图 1.18 所示。

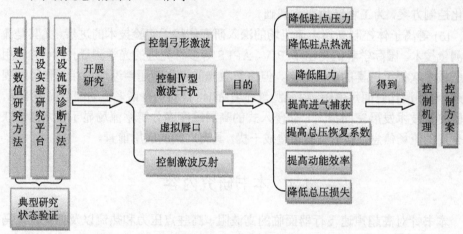

图 1.18 本书研究思路

第 2 章　激光控制高超声速流场的研究方法

研究方法的建立是研究问题的先决条件，本书所研究的高超声速流场的激光控制问题在数值模拟和实验方法的建立方面都存在不小的难度。数值模拟上，高超声速复杂流动结构的模拟并非易事，再加上与激光能量的耦合，使得如何能够比较准确、科学地呈现客观现象更加困难。实验方面，高超声速流场的建立、瞬态力学量的测量、细节流动结构的呈现等方面，都需要在目前国内的研究基础上有所突破。

本节将详细描述数值研究方法，包括控制方程、计算方法、激光能量耦合方法，以及必要的程序验证，各个实验分系统也将给予详细系统的介绍。一方面为后续研究奠定基础，另一方面为国内同行的研究提供有益参考。

2.1　数值计算方法

2.1.1　控制方程和计算方法

计算采用完全气体模型，控制方程为守恒型非定常可压缩的 N-S 方程

$$\frac{\partial \boldsymbol{Q}}{\partial t} + \frac{\partial \boldsymbol{F}}{\partial x} + \frac{\partial \boldsymbol{G}}{\partial y} + \frac{\partial \boldsymbol{H}}{\partial z} = \frac{\partial \boldsymbol{F}_v}{\partial x} + \frac{\partial \boldsymbol{G}_v}{\partial y} + \frac{\partial \boldsymbol{H}_v}{\partial z} + \boldsymbol{S} \tag{2-1}$$

其中，$\boldsymbol{Q}$ 是守恒量；$\boldsymbol{F}$、$\boldsymbol{G}$、$\boldsymbol{H}$ 为无黏 (对流) 通量项；$\boldsymbol{F}_v$、$\boldsymbol{G}_v$、$\boldsymbol{H}_v$ 为黏性 (耗散) 通量项。各项具体表达式如下：

$$\boldsymbol{Q} = \begin{bmatrix} \rho \\ \rho u \\ \rho v \\ \rho w \\ \rho E \end{bmatrix}, \quad \boldsymbol{F} = \begin{bmatrix} \rho u \\ \rho uu + p \\ \rho vu \\ \rho wu \\ \rho Eu + pu \end{bmatrix}, \quad \boldsymbol{G} = \begin{bmatrix} \rho v \\ \rho uv \\ \rho vv + p \\ \rho wv \\ \rho Ev + pv \end{bmatrix}, \quad \boldsymbol{H} = \begin{bmatrix} \rho w \\ \rho uw \\ \rho vw \\ \rho ww + p \\ \rho Ew + pw \end{bmatrix} \tag{2-2}$$

$$\boldsymbol{S} = \begin{bmatrix} 0 \\ 0 \\ 0 \\ 0 \\ \dfrac{P}{\rho v} \end{bmatrix}, \quad \boldsymbol{F}_v = \begin{bmatrix} 0 \\ \tau_{xx} \\ \tau_{yx} \\ \tau_{zx} \\ \beta_x \end{bmatrix}, \quad \boldsymbol{G}_v = \begin{bmatrix} 0 \\ \tau_{xy} \\ \tau_{yy} \\ \tau_{zy} \\ \beta_y \end{bmatrix}, \quad \boldsymbol{H}_v = \begin{bmatrix} 0 \\ \tau_{xz} \\ \tau_{yz} \\ \tau_{zz} \\ \beta_z \end{bmatrix} \tag{2-3}$$

其中，P 为激光注入功率。

$$
\begin{cases}
\tau_{xx} = 2\mu u_x + \lambda(u_x + v_y + w_z) \\
\tau_{yy} = 2\mu v_y + \lambda(u_x + v_y + w_z) \\
\tau_{zz} = 2\mu w_z + \lambda(u_x + v_y + w_z) \\
\tau_{xy} = \tau_{yx} = \mu(u_y + v_x) \\
\tau_{yz} = \tau_{zy} = \mu(v_z + w_y) \\
\tau_{zx} = \tau_{xz} = \mu(u_z + w_x)
\end{cases}
\tag{2-4}
$$

$$
\begin{cases}
\beta_x = u\tau_{xx} + v\tau_{yx} + w\tau_{zx} - q_x \\
\beta_y = u\tau_{xy} + v\tau_{yy} + w\tau_{zy} - q_y \\
\beta_z = u\tau_{xz} + v\tau_{yz} + w\tau_{zz} - q_z
\end{cases}
\tag{2-5}
$$

在完全气体假定下，气体满足下列状态方程：

$$
\begin{aligned}
p &= \rho RT \\
\rho e &= \frac{p}{\gamma - 1}
\end{aligned}
\tag{2-6}
$$

比总能为

$$
E = e + \frac{1}{2}(u^2 + v^2 + w^2) = \frac{p}{(\gamma - 1)\rho} + \frac{1}{2}(u^2 + v^2 + w^2)
\tag{2-7}
$$

焓为

$$
h = e + p/\rho
\tag{2-8}
$$

总焓为

$$
H = h + \frac{1}{2}(u^2 + v^2 + w^2) = \frac{\gamma p}{(\gamma - 1)\rho} + \frac{1}{2}(u^2 + v^2 + w^2)
\tag{2-9}
$$

以上表达式中，ρ、(u, v, w)、p、T、e 分别表示密度、直角坐标系 (x, y, z) 的三个速度分量、压强、温度和单位质量的内能；E、H、γ、μ 分别表示为比总能、总焓、气体比热比和黏性系数。N–S 方程采用有限体积方法离散，采用旋转迎风格式计算无黏通量，采用与黏性通量计算协调的多维 MUSCL 插值方法达到空间二阶精度。时间离散采用二阶隐式格式，在计算非定常流动时，采用双时间步方法。物理时间方向采用全隐式离散，在伪时间方向引入内迭代，伪时间方向采用 LU-SGS 格式求解。

2.1.2　能量沉积模型

由于常见的固体激光器激光脉宽为 10ns 左右，与流场演化过程的 100μs 时间尺度相比很短，因此忽略激光能量的沉积和等离子体的产生过程，采用瞬时沉积模型，计算时将激光能量作为控制方程中的源项，沉积区域半径设定为 1mm。当激光能量聚焦后注入来流气体中时，此区域的内能升高。当沉积在此区域的激光能量超过来流空气的击穿阈值时，此区域的空气被击穿，形成等离子体，并且传出激光引致的球形点爆炸激波[126]。

假设激光能量在沉积区域内均匀分布。在来流中，能量沉积区域气体的总能量为 Q，则未注入激光能量时单位质量的内能 e_{old} 为

$$e_{\mathrm{old}} = E - \frac{1}{2}\left(u^2 + v^2 + w^2\right) \tag{2-10}$$

激光的功率为 P，在时间 Δt 内，注入能量沉积区域的总能量大小为

$$Q_{\mathrm{in}} = P\Delta t \tag{2-11}$$

因此，在每个计算网格中，注入激光能量后的单位质量的内能为

$$e = \frac{Q_{\mathrm{in}}}{\rho V} + e_{\mathrm{old}} = \frac{P\Delta t}{\rho V} + E - \frac{1}{2}(u^2 + v^2 + w^2) \tag{2-12}$$

其中，V 是能量沉积区域的总体积。

对于高重频的激光沉积方式，通过控制脉冲之间的时间间隔调节能量注入频率。假设注入的能量是方波，单个脉冲能量为 Q_0，脉冲持续时间为 τ，周期为 T，则注入的激光脉冲函数可以表示为

$$f(t) = \begin{cases} Q, & 0 \leqslant \mathrm{mod}(t,T) \leqslant \tau \\ 0, & \tau \leqslant \mathrm{mod}(t,T) \leqslant T \end{cases} \tag{2-13}$$

假设一系列激光脉冲为方波，其占空比为 0.5，则在一个脉冲周期 T_0 内，前半个周期注入激光能量 Q_0，后半个周期注入的能量为 0，如图 2.1 所示。

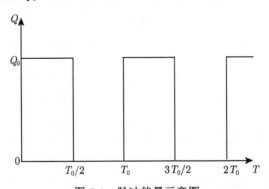

图 2.1　脉冲能量示意图

初始条件是求解区域在计算过程开始时刻各个变量的空间分布情况，本书在计算时取超声速来流值。边界条件是在求解区域边界上的变量或其导数随位置和

时间的变化规律，对于模拟的流场区域，主要包括对接边界条件 (与其他区域相邻) 和非对接边界条件。对于对接边界，通过在相邻区域中找到与虚拟网格点相对的内点，即可得到虚拟网格点上的变量。非对接边界主要包括无滑移壁面边界条件、远场边界条件、对称轴边界条件等。

2.1.3   程序验证

1. 流场压力分布和波系结构预测

为验证上述计算方法的可靠性，本书将典型来流条件下的压力分布计算结果与实验结果相对比。在来流马赫数为 3.45，压强为 16020Pa，静温为 89.3K 的条件下，由直径为 25.4mm 的钝头体和角度为 15° 的斜劈产生 Edney IV 型激波相互作用，将计算得到的钝头体表面压力分布与文献报道的实验结果相对比，纵轴为钝头体表面压力与正激波波后压力之比，两者吻合较好，如图 2.2 所示。

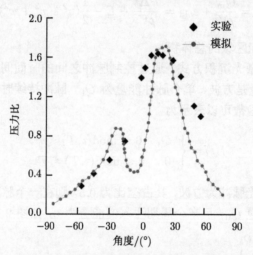

图 2.2   壁面压力计算结果与文献测量结果比较

在来流马赫数为 5，压强为 1500Pa，静温为 100K 的条件下，由直径为 20mm 的钝头体和角度为 15° 的斜劈产生 Edney IV 型激波相互作用，将计算结果与激波风洞内的彩色纹影实验结果相对比，如图 2.3 所示。数值模拟和纹影照片的流场结构吻合得很好，共同揭示了 Edney IV 型相互作用机制和钝头体壁面高温高压区域的形成原因。入射斜激波 (impinging shock, IS) 与弓形激波 (BS) 在法向附近发生相互作用，产生透射激波 (TS) 和剪切层 (SL)。透射激波与钝头体上半区域的弓形激波相互作用又产生一道透射激波和剪切层。马赫数为 1.2 的超声速射流 (SJ) 形成于两道剪切层之间并射向壁面。因此，自由来流便经历了入射斜激波和两道的压缩，并以超声速射流的形式射向壁面，从而在壁面形成了极高的压载和热载区域。

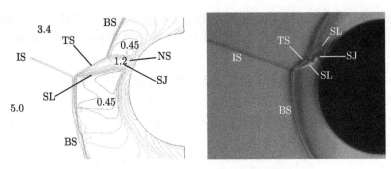

图 2.3 计算结果与彩色纹影实验结果比较

2. 单脉冲激光能量引致的点爆炸波传播特性预测

本书计算模型采用了两个重要的基本假设,即瞬时能量沉积假设和完全气体假设,将激光沉积能量作为控制方程中的源项,忽略了等离子体产生过程中的级联电离和逆轫致吸收等因素。为说明计算程序的适用性,本书将程序计算得到的静止空气中的单脉冲激光能量引致的点爆炸波传播特性分别与纹影实验结果和理论计算结果相对比,数值计算和理论分析都采用三维模型。

根据一维爆炸波的传播过程,三维激光引致的点爆炸波简化为球面、典型透镜聚焦的情况,波速公式为

$$D = \frac{\mathrm{d}r}{\mathrm{d}t} = \frac{1830}{[2\pi(1-\cos\alpha)\cdot p_0]^{1/3}} \cdot \left(\frac{P}{r^2}\right)^{1/3} \tag{2-14}$$

其中,r 为球面半径,也即球形爆炸波阵面到激光焦点的距离 (LSD 波的传播距离);p_0 为环境压强;P 是激光器的输出功率;α 为激光的聚焦角度,α 满足

$$\tan\alpha = r_\mathrm{m}/f \tag{2-15}$$

其中,r_m 为透镜半径;f 为透镜的焦距。

在式 (2-14) 中,对 r 在 t 时间内进行积分,得到爆炸波传播的球面半径 r 与时间 t 的函数为

$$r = \left\{\frac{3050 \cdot P^{1/3} \cdot t}{[2\pi(1-\cos\alpha)\cdot p_0]^{1/3}}\right\}^{3/5} \tag{2-16}$$

计算采用的环境和激光参数如表 2.1 所示。

表 2.1　环境参数和激光参数

压强 p_0 /atm*	温度/K	输出峰值功率 P/W	透镜半径 r_m /mm	透镜焦距 f/mm
1	293	5×10^7	15	150

*1atm=1.01325×10^5Pa

在静止空气中拍摄激光引致的点爆炸波的纹影照片，记录爆炸波传播过程中的球面半径 r 和时间 t 的关系。将理论计算、实验结果和数值模拟结果作对比，得到爆炸波球面半径 r 与时间 t 的关系如图 2.4 所示，纹影照片与数值计算得到的密度梯度的对比如图 2.5 所示。由图 2.4 可知，数值计算结果和理论值几乎重合，与实验结果略有区别，三者得到的点爆炸波的传播速度特性是一致的，在 45μs 内线性拟合得到三者的爆炸波传播速度分别为：理论值为 386.9m/s，数值计算值为 398.7m/s，实验值为 393.4m/s。

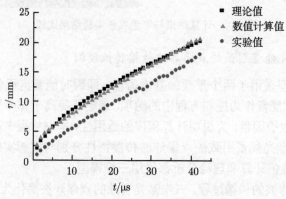

图 2.4   激光引致的点爆炸波传播球面半径与时间关系

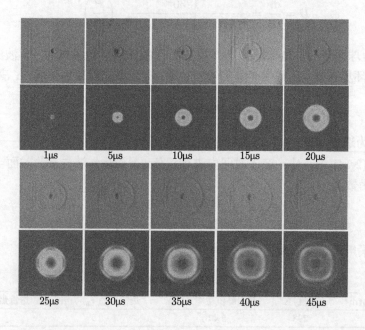

图 2.5   静止空气中的点爆炸波传播特性的纹影照片 (曝光 200ns) 与计算结果对比

由以上分析可知,尽管数值模拟忽略了等离子体产生和发展过程,但是对于模拟激光能量沉积引致的爆炸波及其传播特性来说,与真实情况差别极小。因此,本计算模型可用于研究激光能量沉积引致的爆炸波对流场的主动流动控制问题。

2.2 实验研究方法

实验研究在中国人民解放军装备学院激光推进及其应用国家重点实验室进行,主要实验系统包括:高超声速激波风洞、黑白和彩色纹影测量系统、压力测量系统、激光能量加注系统和时序同步控制系统。

2.2.1 高超声速激波风洞

激波风洞的设计马赫数分别为 5、6、7,实验段直径分别为 100mm、150mm 和 200mm,观察窗直径 200mm。激波风洞的基本原理是将激波管产生的高温高压气体经过拉瓦尔喷管等熵膨胀为均匀超声速气流,它主要包括激波管、拉瓦尔喷管和真空系统三部分。

1. 激波管设计和参数计算

激波管基本原理可以描述为:利用一维非定常空气动力学原理,通过高低压段气体之间的膜片破裂,产生运动激波,激波向低压段传播 (入射激波) 并在低压段端面反射 (反射激波),同时稀疏波自破膜处向高压段传播,如图 2.6 所示。入射和反射激波可根据实验需要,提供不同压力、温度和速度条件的一维准定常气流,适合研究燃烧、空气动力学等基础问题。

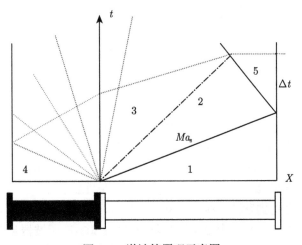

图 2.6 激波管原理示意图

激波管主体结构为两端封闭的等截面圆形不锈钢管 (316L)，内径 100mm，外径 130mm，铝膜将高压区 (4 区) 和低压区 (1 区) 隔离。膜片破裂后，高压气体向低压段膨胀，产生向低压区传播的运动激波 (moving shock) 和向高压区传播的膨胀波 (稀疏波 (rarefaction waves))。1 区气体受入射激波压缩后形成 2 区气体，3 区为膨胀波后的气体状态，2 区和 3 区的交界面称为接触面。5 区为低压端面气流经反射激波再次压缩后的气体状态，具有高温、高压、静止的特点，可以起动激波风洞[127]。

在激波管参数计算中，采用了理想激波管流动假设。利用简单波和等熵关系式，可推出入射激波马赫数 Ma_s 的计算关系式

$$P_{41} = \left[1 + \frac{2\gamma_1}{\gamma_1 + 1} \left(Ma_s^2 - 1 \right) \right] \left[1 - \frac{\gamma_4 - 1}{\gamma_1 + 1} a_{14} \left(Ma_s - \frac{1}{Ma_s} \right) \right]^{-\frac{2\gamma_4}{\gamma_4 - 1}} \tag{2-17}$$

其中，P_{41} 为 4 区和 1 区压力比；γ_1 和 γ_4 分别为 1 区和 4 区气流的比热比；a_{14} 为 1 区和 4 区的声速比。

5 区气流参数经过入射激波和反射激波两次压缩，其气流参数计算公式为

$$\frac{P_5}{P_1} = \frac{P_2}{P_1} \cdot \frac{P_5}{P_2} = \frac{\left[2r_1 Ma_s^2 - (r_1 - 1) \right] \left[(3r_1 - 1) Ma_s^2 - 2 (r_1 - 1) \right]}{(r_1 + 1) \left[(r_1 - 1) Ma_s^2 + 2 \right]} \tag{2-18}$$

$$\frac{T_5}{T_1} = \frac{T_2}{T_1} \cdot \frac{T_5}{T_2} = \frac{\left[2 (r_1 - 1) Ma_s^2 - (r_1 - 3) \right] \left[(3r_1 - 1) Ma_s^2 - 2 (r_1 - 1) \right]}{(r_1 + 1)^2 Ma_s^2} \tag{2-19}$$

激波风洞实验段气流由 5 区气流等熵膨胀得到，因此实验段参数可由以下公式确定：

$$\frac{p_\infty}{P_5} = \left(1 + \frac{\gamma - 1}{2} Ma^2 \right)^{-\frac{\gamma}{\gamma - 1}} \tag{2-20}$$

$$\frac{T_5}{T_\infty} = 1 + \frac{\gamma - 1}{2} Ma^2 \tag{2-21}$$

其中，p_∞ 和 T_∞ 分别为实验段来流静压和静温；γ 为比热比；Ma 为拉瓦尔喷管的设计马赫数。

由以上公式可知，入射激波马赫数 Ma_s 是确定实验参数的直接因素。在激波管低压端安装相距 300mm 的两个 PCB 压电传感器以监测入射和反射激波速度，同时可为时序同步控制系统提供触发信号。为避免 PCB 传感器压力测量受到激波管体耦合电磁信号的影响，将 PCB 传感器装在尼龙护套中，既保护了 PCB 传感器，又避免了压力受到杂波干扰，如图 2.7 所示。当激波到达传感器位置时，示波器便会记录到一个上升沿。图 2.8 为实验中 TDS-3032B 示波器记录得到的典型压力信号，其中两条线分别来自两个通道，代表两个位置的传感器信号，它们的第一

个上升沿由入射激波引起, 第二个上升沿代表着反射激波到达传感器的位置。由二者上升沿之间的时间差和两个传感器间距, 便可得到入射激波和反射激波的速度。

图 2.7 传感器和激波管体装配照片

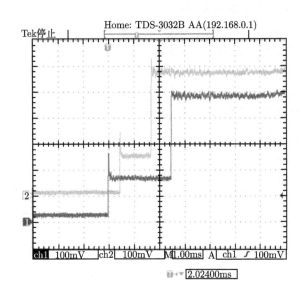

图 2.8 示波器记录的典型数据

本激波管高低压段长度均为 6m, 管体是由圆截面 (内径 100mm、外径 130mm) 不锈钢管 (316L) 构成, 主要包括高压段、夹膜段、低压段和实验段、充配气系统、辅助系统、测量系统等部分。低压段和高压段结构尺寸完全相同, 每段 2m, 各段通过阴阳面止口和 O 形圈相连。风洞稳定工作时间 Δt 在 5ms 左右。实验中激波管采用氢气驱动空气的运行方式, 破膜压力 P_4=1.5MPa, 低压段初始压力 P_1=0.25MPa,

实验采用铝膜隔离 1 区和 4 区。由公式 (2-18) 和公式 (2-19) 计算得到 5 区压力和温度分别为 P_5=23.1MPa，T_5=600K，进而根据公式 (2-20) 和公式 (2-21) 计算得到 Ma=5 的条件下自由流压力 p_∞=4349Pa、温度 T_∞=100K，再由声速公式计算得到实验段来流速度 V_∞=1002m/s。

2. 拉瓦尔喷管设计

拉瓦尔喷管的设计目的是保证实验段获得设计马赫数的均匀气流。其中喷管面积比 (实验段与喷管喉部面积之比) 的设计是为了保证所要求的马赫数，气流的均匀度则由喷管型线设计决定。喷管型线设计主要是指扩张段超声速型线设计，对于收缩段的亚声速型线设计，只要求型线过渡平缓，不产生流动分离。扩张段超声速型线设计主要根据特征线的理论。

设计喷管分为以下三个步骤[128]：

(1) 假定喷管内的流动是理想流动，则由等熵公式设计的喷管型线称为位流曲线；

(2) 估算喷管壁面的附面层发展；

(3) 修改位流曲线，消除附面层的影响。

二维喷管型线如图 2.9 所示。采用圆弧加直线方法设计的喷管型线包括：亚声速部分和超声速部分。其中，超声速部分包括初始膨胀段、平行段和实验段。喷管扩张段型线的设计思路是：在 AB 段，把喉部的声速来流变成 B 点的超声速泉流，BC 段将超声速泉流变成满足马赫数要求的均匀平行流，通过设计 BC 段曲线，消除到达其上的膨胀波。

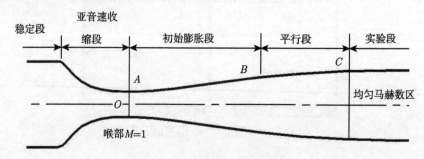

图 2.9   二维喷管型线示意图

如果喷管构型直接按照位流曲线加工，而不进行边界层修正，将出现两个问题：一是由于壁面出现边界层并且其厚度不断增加而改变波系的形状，使喷管出口得不到均匀流；二是边界层的存在改变了喷管的有效截面积，改变了面积比，使喷管达不到设计马赫数。因此，必须修正喷管位流曲线。具体的方法是计算喷管各点的边界层位移厚度，然后将理论曲线向外推移，其距离等于当地的边界层位移厚度。

基于上述方法,设计了马赫数分别为 5、6、7 的二维轴对称拉瓦尔喷管。由于喷管较长,所以采用了分段数控车削加工,之后用螺栓和定位销连接后再焊接的加工工艺。

3. 真空系统

真空系统包括真空舱、真空泵和真空计,其作用是安放实验模型和提供低背压环境,为喷管起动提供必要的条件。真空舱体积 $1.5m^3$,内部均布了 M6 内螺纹的面包板,可方便地安装实验模型。真空泵包括德国莱宝旋片泵 SV100B 和罗兹泵 WAU501,二者配合可将真空度抽至 10Pa 量级。观察窗、喷管、数据法兰以及盲板与真空舱连接时均采用了 O 形圈密封。激波风洞实物照片如图 2.10 所示。

图 2.10 激波风洞实物照片

2.2.2 黑白和彩色纹影测量系统

激光能量控制高超声速流场的过程具有速度快、密度低、激波相互作用强等特点,这就对诊断技术水平提出了非常高的要求,光学诊断的主要难点有:①在高超声速来流条件下,自由流速度超过 1000m/s,因此,若要求叠加信息的空间尺度低于 mm 量级,则曝光时间不能高于 μs 量级,这就对光源亮度提出了很高的要求;②单脉冲激光引致的点爆炸波与流场相互作用的总时间尺度不足 200μs,因此如果要获得间隔 20μs 的流场发展状况,则 1 次实验便要得到 10 帧以上的时序照片,就要求高速相机的记录速度不低于 5 万帧/秒,这已经超出了目前已知的世界最先进高速相机的帧频,只能采用多次重复实验解决此问题,这就要求实验来流条件的重复性很高;③激波风洞来流密度为 $10^{-3} \sim 10^{-2}kg/m^3$,导致激光击穿流场之后形成的爆炸波非常弱,对测量系统的灵敏度提出了很高要求;④需要解决高超声速来流、激光能量沉积、压力和温度测量系统、纹影光源和高速相机这 5 路信号在 ns

时间尺度的同步。

　　本书采用高时间空间分辨率、高灵敏度的纹影系统显示流场波系结构。纹影系统光路布局如图 2.11 所示，包括 3 大组成部分：①脉冲氙灯闪光源。采用高电压击穿氙气时的发光现象照明，其特点是亮度高，100ns 时间量级的曝光便可获得很亮的视场，满足短曝光、高时间分辨率的要求。②直径为 150mm 的纹影镜组，焦距 1.5m。低气流密度条件下激光击穿来流之后形成的点爆炸波非常弱，对测量系统的灵敏度提出了很高要求，透镜 1 的作用是将光源成像在狭缝上，以狭缝位置作为系统的光源位置，此方法的优点是将光源限制在 0.5mm×20mm 的狭缝内，可大大提高系统灵敏度。③刀口和成像系统。刀口位于纹影镜 2 的焦点上，凸透镜 2 将待测流场在高速相机接收屏上成清晰的像。本书采用德国 PCO 公司的 HSFC PRO 超高速增强型相机，最低曝光时间可达 3ns，分辨率为 1280×1024 像素，4 通道共用触发独立工作，1 次实验每通道可分别记录 1 幅照片，多幅时序照片需经过重复实验得到，解决了高速、高分辨率摄影问题。

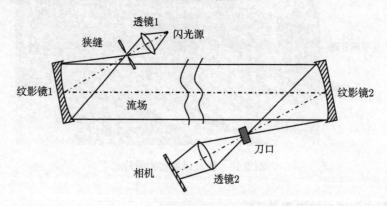

图 2.11　纹影系统光路布局示意图

　　采用本纹影系统得到的高超声速边界层强制转捩照片如图 2.12 所示，平板和凸起均为二维构型，曝光时间 100ns。来流马赫数为 5.0，静压 4500Pa，静温 100K，密度 0.15kg/m^3，平板突起高度为 2mm，距平板前缘 55mm。凸起引起上游的层流边界层分离，分离激波和层流边界十分清晰，说明本系统的空间分辨率达到了 1mm 量级。边界层在凸起下游转捩为湍流，涡结构和湍流边界比较清楚，说明了该纹影系统具备较高的灵敏度，能够捕捉细微的气流扰动。

　　作为一种非侵入流场测量技术，彩色纹影具有鲜明的优势：彩色纹影包含了色调和饱和度的变化，因而信息量比黑白纹影更大；固体模型在彩色纹影流场图像中呈现黑色，而气动干扰呈现彩色，这样便可较容易地进行流场边界的探测和分析；彩色照片使研究者能够更容易了解实验中所记录的流动细节；经过标定后的彩色纹影系统可以按颜色的变化进行定量分析, 不易受到由于光线强弱不同而带来的干扰。

图 2.12 高超声速边界层强制转捩纹影照片

彩色纹影的基本原理与普通黑白纹影相同, 其最大特点是采用彩色滤光片代替了图 2.11 中所示的黑白纹影系统的刀口, 对偏折大小和偏折方向不同的光线以不同的颜色显示, 并采用彩色相机记录照片信息。加色的方法可以归纳为三种: 第一种是用彩色滤光器加色, 以彩色刀口代替普通纹影仪的刀口; 第二种是制作彩色光源掩模, 在光源处引入彩色 "光谱" 或条带, 用相应形状的缝孔代替普通纹影仪中的刀口, 如色散棱镜法和数字光源法; 第三种是光电加色法, 它是利用光电技术或者数字技术给黑白纹影照片中的不同光密度加上特定的颜色, 即所谓 "假色法"。本书采用彩色刀口法进行加色的彩色纹影测量技术。

彩色滤光片的制作与标定是决定彩色纹影测量技术的关键, 本实验中彩色滤光片的制作过程是: 首先利用 Matlab 设计所需的滤光片样式, Matlab 中读取和存储图像文件时使用的是 RGB 色彩制式, 每一个像素点上的色彩都被分解为红、绿、蓝三原色进行操作, 因此可以很方便地改变所生成的滤光片参数。然后使用胶卷相机将设计的滤光片拍摄到胶卷底片上, 胶卷采用富士 Chrome Velvia RVP 50° 反转片, 其特性在于胶卷底片冲洗出来以后底片上的颜色为实际景物的颜色, 这就利于我们获得预期的色彩。胶卷的 ISO 度数值越低, 颗粒越细腻, 生成的滤光片灵敏度越高, 但需要的曝光时间就越长。

RGB 颜色本身只受色度值的影响, 即改变色度 (hue, H) 变化规律可以设计出不同灵敏度和色域范围的滤光片, 而不受亮度 (S) 和对比度 (V) 的影响; 改变亮度和对比度则可以改变滤光片相应的设计参数。本实验设计的彩色滤光片如图 2.13 所示, 其中 2~5 区为中央主要色彩过渡区, 对测量精度和灵敏度的影响最大。实验时将狭缝光源聚焦于 2~5 区, 待测流场密度的变化引起滤光片上所成像的偏移,导致成像色度的变化，光线偏向区域 6 代表密度提高，光线偏向区域 1 则代表密度降低的方向。因此待测流场存在激波等强扰动时，在彩色相机接收屏上便可得到彩色照片。由色度随像素的变化曲线可知，该彩色滤光片在 2~5 区色度随纵向像素变化显著，这就意味着流场密度的变化能够引起明显的色彩差异，利于系统灵敏度的提高。设计制作出的彩色滤光片实物如图 2.14 所示。

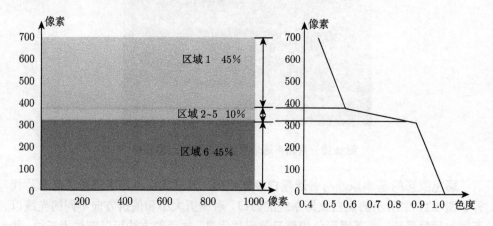

图 2.13　彩色滤光片特性

图 2.14　彩色滤光片实物照片

　　本书采用的高速彩色相机是美国 Vision Research 公司生产的 PHANTOM® V711 型彩色相机，视场为 1000×1000 像素时高帧频达到 10000 帧/秒以上。彩色纹影系统的灵敏度大大高于黑白纹影系统，但由于该高速彩色相机的最低曝光时间为 1μs，如果要达到 HSFC PRO 超高速增强型相机 ns 量级的曝光水平，则须采用 ns 脉冲频闪光源。图 2.15 为高速彩色相机和彩色纹影系统得到的高超声速马赫反射照片，曝光时间 30μs，来流马赫数为 6.0，静压 1680Pa，静温 136K，密度 0.04kg/m³，斜劈对称安装，角度为 29°，前缘间距 63mm，收缩比为 0.24。照片清晰地反映了马赫反射的波系结构,斜激波、马赫杆、滑移层、膨胀波以及斜激波在壁面的反射结构都得到了清晰呈现。马赫杆下游由于超声速和亚声速气流的掺混而发生湍流,涡结构比较清晰。由彩色滤光片特性可知,气流密度增加的方向波系偏紫色,密度降低的方向则偏黄色,流场信息量远大于黑白纹影照片。

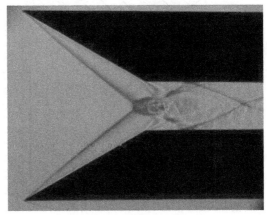

图 2.15 彩色高速相机和高超声速马赫反射彩色纹影照片

2.2.3 压力测量系统

采用 PCB PIEZOTRONICS 公司的 111A24 型压电传感器测量钝头体表面驻点压力,其原理是将压力转化为电信号,输入采集卡,传感器与模型之间用螺纹连接。该传感器的优点是:①体积小。近似为 $\Phi5.5\text{mm}\times30\text{mm}$ 的圆柱体,适用于较小的模型。②响应快。响应时间小于 $1.5\mu s$,灵敏度为 0.73mV/kPa,误差 $\pm10\%$,分辨率为 0.14kPa,采样率不小于 400kHz,可以研究 $1\mu s$ 时间量级的压力变化。图 2.16(a) 为单个传感器安装示意图和照片。

信号调节器 PCB482C16 的作用是为传感器提供电源、设置测试参数及工作模式等。信号调节器 PCB482C16 通过 RS232 接口与计算机相连,实现传感器的参数设置。信号采集由高性能示波器完成。

脉冲风洞的阻力直接测量技术是个难题,根据前期数值计算结果,若要详细刻画减阻过程,阻力测量系统的响应频率要达到 1MHz 量级,这在目前国内的技术水平条件下几乎无法实现。本书提出采用测量钝头体表面压力分布而后求积分的方式,间接获得阻力变化情况,压力传感器在钝头体表面的分布情况如图 2.16(b) 所示。在不同的角度和半径上分布 11 个 PCB 压力传感器,拟合各个传感器采集得到的压力数据获得钝头体表面的总体压力分布情况,最后求积分得到阻力值。

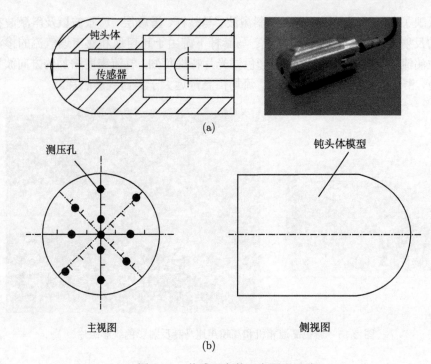

图 2.16　传感器安装示意图和照片

2.2.4　激光能量加注系统

单脉冲激光能量加载系统主要由 Nd:YAG 激光器、反射和聚焦光学系统等组成。激光器波长 1064nm，脉宽 10ns，最大重复频率 10Hz，最大单脉冲能量 400mJ，激光器照片如图 2.17 所示。

图 2.17　单脉冲激光器照片

激光能量加载系统光路设计原则：

(1) 能量损失尽可能小；

(2) 聚焦光斑尽可能小；

(3) 光路及设备不受气流影响，保证实验过程中激光能量参数不变。

实验中能量加载系统的光线通过真空罐窗口进入，光线水平聚焦，方向与来流方向垂直，通过焦距为 150mm 的聚焦透镜把激光聚焦于钝头体前某特定位置击穿来流，聚焦位置的调节通过平移和转动激光器和聚焦透镜实现。

高重频激光器属特种实验设备，受限于激光器输出功率，对于单个激光器来说，频率和单脉冲能量是此消彼长的关系，难以实现频率和单脉冲能量的同时提高。基于研究需求，激光推进及其应用国家重点实验室须购置重频达到 100kHz 以上，同时单脉冲能量达到 400mJ 的高重频激光器。目前国际上比较先进的高重频激光器是德国 Edgewave 公司的 Nd：YVO$_4$ 激光器，型号为 HD40II-E，平均功率 600W，频率能从单次覆盖到 150kHz，但当频率高于 100kHz 时，单脉冲能量最高仅有 6mJ，难以击穿流场，达不到实验要求。基于上述认识，实验室采用将多台单脉冲 Nd：YAG 激光器合束、激光器之间依次出光的方法实现高重频的激光能量沉积方式，建成的合束激光器如图 2.18 所示。最高重频可达到 1MHz，单脉冲能量达到 400mJ 以上。导光臂包含 7 个活动关节，便于光路调整，能量损失率低于 10%。

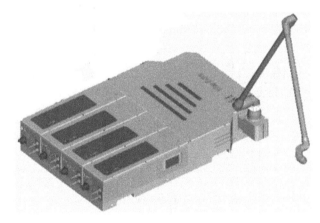

图 2.18　合束激光器照片

只有在合适的激光能量大小和频率下，多个点爆炸波才能够合并成为准静态波。脉冲激光能量大小可以通过调节激光器的激发电压实现控制，并由激光能量计检测。频率通过控制脉冲激光的出光间隔确定，由数字延迟发生器 DG645 实现。例如，如果需要得到 150kHz 的重频，则将激光器间的出光时间间隔设定为 6.7μs。

2.2.5　时序同步控制系统

时序同步控制方案如图 2.19 所示，激波管低压端安装的 PCB 压力传感器监测入射激波马赫数 Ma_s，将压力信号的上升沿输入数字延迟器 DG 645 作为触发信号，虚线所示为纹影光路。入射激波到达低压端之后 3ms，风洞已经起动并处于稳定工作状态，脉冲氙灯闪光源响应时间为 160μs，闪光时间为 1ms，因此设置控制脉冲氙灯闪光源的延迟时间为 2.84ms；Nd：YAG 激光器响应时间为 240μs，因此设置控制 Nd：YAG 激光器的通道延迟时间为 2.76ms。高速相机的通道延迟时间为 3ms，使得激光击穿空气时视场已经被闪光源照亮，同时高速相机开启，高速相机 4 个通道可以由采集软件设置不同的延迟时间以记录不同时刻的流场状态。将控制数据采集卡的通道延迟设置为 3ms，采集时间 1ms，使得整个流场控制过程 0°位置的压力数据都能被记录。图 2.20 为同步控制各设备的时序关系，通过设置高速相机内部延时，拍摄流场演化的不同时刻。

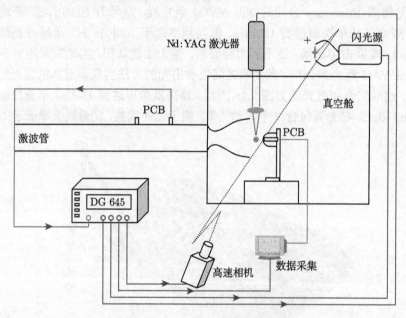

图 2.19　时序同步控制示意图

实验流程为：

(1) 检查激波管和激波风洞状态，确保运行正常，且无安全隐患。

(2) 安装钝头体实验件和力学量测量系统。

(3) 调整纹影光路。

(4) 调整 Nd：YAG 激光光路，保证多个激光光源在同一位置聚焦击穿空气，并确定时序控制系统运行良好。

(5) 手动触发 DG645，在无来流的条件下检验各系统的配合性能。

(6) 破膜，起动激波风洞，完成实验。

(7) 激波风洞系统放空。

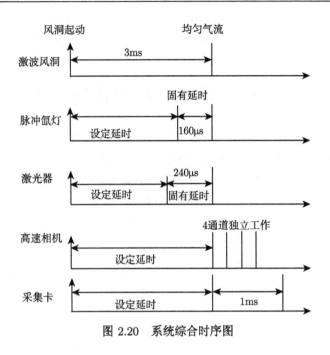

图 2.20 系统综合时序图

2.3 小 结

本章首先描述了数值计算模型和方法，控制方程为守恒型非定常可压缩 N-S 方程，并采用了完全气体假设，能量沉积采用了瞬时沉积模型。为验证模型的可靠性和准确度，分别采用马赫数为 3.45 下钝头体表面压力计算值与文献实验结果的对比，马赫数为 5.0 下Ⅳ型激波干扰波系结构与彩色纹影实验的对比以及单脉冲激光能量引致的点爆炸波特性计算与实验和理论结果的对比，验证了计算模型和方法的可靠性。

本章介绍了高超声速流动控制实验平台，流场诊断方法包括高时间空间分辨率的黑白和彩色纹影测量，以及快速响应的驻点压力和阻力测量。在黑白纹影测量系统中，采用狭缝限制光源以提高系统灵敏度，采用短曝光和高速摄影技术将系统的时间分辨率提高至 100ns 量级，空间分辨率提高至 0.1mm 量级。在彩色纹影系统测量中，解决了制作彩色滤光片的关键技术，大大提高了系统灵敏度。压力和阻力测量系统响应频率达到 MHz 以上，可研究 1μs 时间尺度的压力和阻力变化规律。

本章建立的数值计算和实验方法能够为高超声速来流条件下的激光减阻提供有效的研究手段，为本书的开展奠定了基础。

第 3 章　激光减阻机理与方法

激光能量在高超声速流场中沉积及对流场结构干扰的物理机制可大体描述为：激光束聚焦于高超声速流场某特定区域内，使得该区域环境气体发生电离以致击穿，形成等离子体。被吸收的激光能量转化为等离子体的内能，与流动发生耦合，按照气体动力学的规律运动。激光等离子体在超声速流场的作用下向下游运动，改变了能量沉积区域下游流场的参数及特性。激光的入射方式分为单脉冲、连续、多脉冲三种，单脉冲激光相对其他两种方式较为简单，激光入射后与高超声速流场相互作用，作用结束后恢复至初始流场。虽然作用时间不长，但这个过程中产生的一系列复杂流动现象十分值得研究和探索，将为连续和多脉冲激光与高超声速流场的相互作用研究打下基础。

本章将采用第 2 章建立的数值计算和实验方法，首先描述单脉冲激光能量沉积及随后产生的波系结构在超声速流场中的演化过程，揭示单脉冲激光降低波阻的原因，然后研究典型状态的高重频激光减阻过程与机理，再基于量纲分析提炼影响激光减阻性能的关键无量纲因子，最后研究这些关键因子对减阻性能的影响规律，提出关键参数的科学选择方法，为激光减阻的工程应用提供科学基础。

3.1　钝头体模型和计算方法

计算和实验的钝头体均采用平面构型，直径 20mm，z 向宽度 20mm，绕流区位于模型的 z 向两侧，宽度各为 30mm。来流马赫数为 5，静压为 4349Pa，静温为 100K，计算时作为压力远场边界条件 (pressure farfield)。钝头体表面定义为无滑移壁面边界条件 (wall)，绕流区与钝头体区的交界面定义为对接边界条件 (connection)，其他各面均定义为外推边界条件 (extrapolate)。采用 GridgenV15 商用软件分区划分结构网格，网格总数目为 90 万，网格划分和边界定义如图 3.1 所示。采用第 2 章建立的计算方法进行三维计算，得到钝头体所在剖面流场如图 3.2 所示，结果表明未施加激光能量时钝头体表面中心点温度约 600K，峰值压力约 1.4×10^5Pa。

对超声速飞行器的激光空气锥减阻而言，注入的激光能量越多，减小的阻力值肯定越大，但必须考虑实际的能耗比和成本。

衡量减阻性能的优劣主要有两个关键参数：减阻百分比和能量效率。显然，减阻百分比越大，能量效率越高，减阻性能就越好。然而，减阻百分比大，要求注入的能量大，能量效率高，注入的能量越小越好，二者又是相互制约的。如何在特定任务需求下找到最佳性能参数，是减阻性能优化设计的关键。

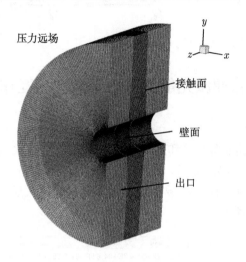

图 3.1 网格划分和边界定义

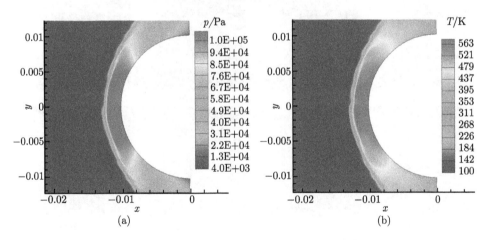

图 3.2 流场压力 (a) 和温度 (b) 分布计算结果

减阻百分比 η 定义为能量注入减小的阻力与基准阻力 (无能量注入时飞行器受到的阻力) 之比，其表达式为

$$\eta = \frac{\Delta D}{D_{\mathrm{ref}}} = \frac{D_{\mathrm{ref}} - D_{\mathrm{mod}}}{D_{\mathrm{ref}}} \tag{3-1}$$

式中，ΔD 为阻力的变化量；D_{ref} 为基准阻力；D_{mod} 为注入能量后的阻力。

能量效率 S 定义为阻力减小节省的能量与注入能量之比，其表达式为

$$S = \frac{(D_{\mathrm{ref}} - D_{\mathrm{mod}}) \cdot V_{\infty}}{Q} = \frac{D_{\mathrm{ref}} \cdot V_{\infty}}{Q} \cdot \eta \tag{3-2}$$

式中，Q 为注入的平均功率；V_{∞} 为来流速度。

3.2   单脉冲激光能量与弓形激波相互作用机制

3.2.1   流场演化过程

以 3.1 节所述的钝头体尺寸和来流参数为计算条件，先采用求解 N-S 方程的方法得到无激光能量时的稳态流场，然后在上游距钝头体前缘 25mm 处注入 100mJ 的单脉冲能量，假定能量沉积区域半径为 1mm。能量注入后不同时刻钝头体表面的压力分布如图 3.3 所示。

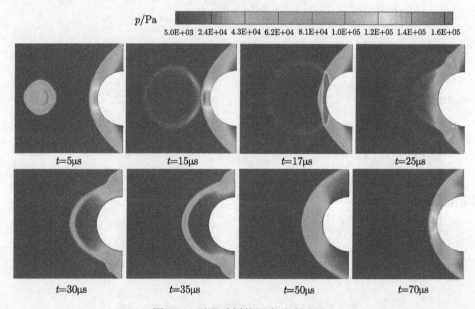

图 3.3   不同时刻的压力分布云图

第一阶段：激光能量注入至 t=15μs，激光引致的点爆炸波阵面向外扩张的同时随自由流向钝头移动，移动速度与自由流速度相当。钝头体表面压力和温度分布不受影响，驻点压力和温度分别为 1.4×10^5Pa 和 600K。

第二阶段：激光引致的点爆炸波阵面与弓形激波的相互作用过程。t=15μs 时，激光引致的点爆炸波阵面到达弓形激波位置并与之相互作用，透射波压缩气流产生局部高温高压区。t=17μs 时透射波到达钝头体表面，在钝头体 0° 附近升温升压

幅度最高，压力和温度达到峰值。此后最先到达钝头体表面的透射波发生反射，在 0° 附近形成膨胀波，引起局部压力和温度降低。透射波阵面在 0° 附近之外的位置没有发生反射，而是向下游传播，引起所达到区域的局部升压升温，如 $t=25\mu s$ 时刻的钝头体表面压力和温度分布所示。$t=35\mu s$ 时，透射波阵面已经完全传播到钝头体下游，高温高压区域脱离钝头体表面，钝头体完全处于膨胀波区域，压力和温度值很低。

第三阶段：随着激光能量作用的结束，流场逐渐向未施加激光能量时的状态恢复，如 $t=50\mu s$ 至 $t=70\mu s$ 的状态所示。值得注意的是 $t=70\mu s$ 时的温度是初始值的近两倍，压力却与初始状态相当，这说明该时刻高温出现的原因并非激波压缩，而要归结于激光引致的点爆炸内的高温气团到达了钝头体表面位置，后文纹影照片中拍摄到的热湍流现象证明了该推测。

纹影实验与计算结果的对比证明了上述分析的合理性，图 3.4 为计算得到的不同时刻流场密度梯度沿 z 方向的积分结果，图 3.5 为马赫数为 5 的激波风洞中纹影实验结果，其中来流条件、激光能量大小和沉积位置均与计算时的条件相一致。总体上看，纹影实验结果和计算结果吻合得很好，激光引致的点爆炸波、点爆炸波与弓形激波相互作用产生的透射激波、透射波的反射和传播、湍流等结构都有明显的呈现。

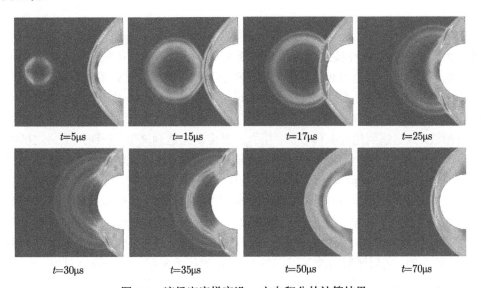

图 3.4 流场密度梯度沿 z 方向积分的计算结果

特别值得注意的是，在 $t=25\mu s$ 至 $t=50\mu s$，点爆炸波的面向上游部分、透射激波的反射波以及点爆炸波区域内的弓形激波发生激波追赶，最终合而为一。在此期间，弓形激波因位于点爆炸波内部的高温低压低密度区而发生畸变，弓形激波后的气流内能分布发生变化, 高内能区域脱离钝头体表面, P. Y. Georgievskii 称之为 "透镜效应"(lens effect) 。$t=50\mu s$ 之后, 激光能量对流场的作用趋于结束, 复杂的波系结构演化为一个简单的弓形激波, 流场由于点爆炸波内部高温气团的作用而呈现出热湍流状态, 钝头体表面温度也出现较大幅度的升高。

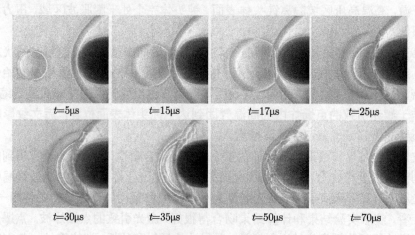

| $t=5\mu s$ | $t=15\mu s$ | $t=17\mu s$ | $t=25\mu s$ |

| $t=30\mu s$ | $t=35\mu s$ | $t=50\mu s$ | $t=70\mu s$ |

图 3.5　纹影实验结果, 曝光时间 500ns

3.2.2　降低压力和温度效果评估

为定量考察单脉冲激光能量注入降低钝头体压力和温度的效果, 绘出钝头体表面驻点 (0° 位置) 压力和温度随时间的变化曲线, 如图 3.6 和图 3.7 所示。结合计算结果和纹影照片, 分 3 个过程进行分析: ①$t=15\mu s$ 至 $t=40\mu s$, 透射激波的形成和传播过程。在约 15μs 时, 激光引致的点爆炸波与弓形激波发生相互作用形成透射激波, 并迅速到达钝头体表面, 压力和温度随之达到峰值, 分别为 4.26×10^5Pa 和 849K, 分别约为初始值的 3 倍和 1.4 倍。之后随着透射激波反射、膨胀波形成而迅速降低, 在约 40μs 时压力降至 3.8kPa, 温度降至 224K, 分别约为初始值的 0.03 和 0.37 倍。②$t=40\mu s$ 至 $t=55\mu s$, 左半部分点爆炸波、反射激波和弓形激波的追赶和合并过程中, 第二次形成透射激波, $t=44\mu s$ 时透射激波到达钝头体表面时带来第二个压力和温度峰值, 分别为 2.5×10^5Pa 和 1200K, 分别约为初始状态的 1.8 倍和 2 倍。之后透射激波反射, 在 $t=55\mu s$ 时压力和温度分别降至 0.64×10^5Pa 和 840K, 分别为初始状态的 0.46 倍和 1.4 倍。在该阶段及其之后的相当长一段时间内, 钝头体表面温度整体处于较高值, 其原因是激光引致的点爆炸波内的高温气团到达钝头体位置。③$t=55\mu s$ 以后, 流场向初始状态恢复过程, 并伴随着热湍流。该过程压力恢复到初始值附近, 没有明显的峰值或谷值, 可见激波作用已经结束。温度在热湍流作用下波动幅度较大, 在 $t=65\mu s$ 时引起钝头体表面的第三个温度峰值 1055K，为初始值的 1.8 倍。

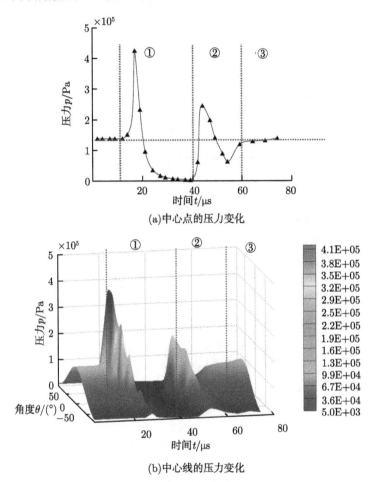

(a) 中心点的压力变化

(b) 中心线的压力变化

图 3.6 钝头体表面压力变化曲线

为考察降低钝头体压力和温度的总体效果，将图 3.6(a) 和图 3.7(a) 的曲线在时间 $0 \sim 80\mu s$ 之内积分，横虚线代表未施加激光能量的压力 p_n 和温度 T_n，将积分值对时间求平均便得到压力和温度降低的平均值。定义 η_s 为单脉冲激光能量注入降低压力或温度效率

$$\eta_s(p) = \frac{\Delta p}{p_n} = \frac{\int (p_n - p)\mathrm{d}t}{t} \cdot \frac{1}{p_n} = 16.6\% \tag{3-3}$$

$$\eta_s(T) = \frac{\Delta T}{T_n} = \frac{\int (T_n - T)\mathrm{d}t}{t} \cdot \frac{1}{T_n} = -15.0\% \tag{3-4}$$

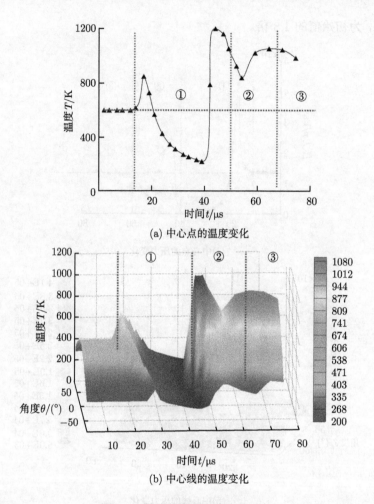

(a) 中心点的温度变化

(b) 中心线的温度变化

图 3.7　钝头体表面温度变化曲线

因此，在本算例中，施加 100mJ 的单脉冲激光能量，钝头体表面驻点的压力和温度将在 80μs 之内分别平均降低 16.6% 和 −15.0%。温度降低效率为负值，说明单脉冲能量的注入整体上反而提高了钝头体表面热载，其原因是激光击穿来流产生的高温气团运动到钝头体表面附近时，对钝头体有加热作用。

实验选用的压电传感器原理是将压力的变化转化为电信号，测量得到的是压力的相对变化量。因此，为将实验得到的驻点位置压力变化曲线与数值模拟相对比，将未施加激光能量时的钝头体表面驻点位置压力标准化为 1。对比图 3.8 所示两条曲线可知，实验结果的压力变化趋势与计算结果相似，也是从 15μs 左右开始连续出现了两次峰值和谷值，之后压力逐渐恢复到初始状态。实验结果的第一个峰值的压力约是计算值的 0.71 倍，其原因是计算采用了理想气体模型，忽略了气体的离解等因素，导致激波作用下的压力计算结果偏高；两者的第一个谷值压力大小相同，实验结果提前了约 10μs；第二个峰值压力的实验值与计算值大小和出现时刻都相同；第二个谷值实验结果偏高，出现时刻相同。总体上看，实验结果与数值计算结果虽然略有差异，但曲线走势和高低压值的出线时刻基本吻合，说明了前文对单脉冲激光与弓形激波相互作用机制分析的合理性。

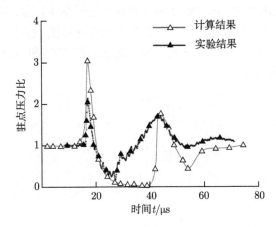

图 3.8　钝头体表面中心点压力变化的实验与计算结果对比

通过上述分析可以得到以下结论：

(1) 总体上看，钝头体表面中心压力的实验结果与数值计算结果虽然略有差异，但曲线走势和高低压值的出线时刻基本吻合，这也说明了前文对单脉冲激光与弓形激波相互作用机制分析的合理性。

(2) 施加 100mJ 的单脉冲激光能量，可以使钝头体表面压力和温度最低降至未施加时的 0.03 倍和 0.37 倍，但低压低温持续时间太短，只有 10μs 左右，计算结果表明在整个 80μs 的激光能量作用过程中，压力值平均分别降低了 16.6%，温度值由于高温气团的加热作用反而有所升高，效果并不理想。

3.3　高重频激光减阻过程

由单脉冲激光能量注入对流场的作用效果可知，在能量注入之后约 40μs 时，钝头体表面压力和温度降低最低，但低压和低温持续时间较短。为了维持低压低温状态，并降低注入激光的总能量，开展高频激光能量注入控制流场的研究。

当激光频率为 150kHz、单脉冲能量为 5mJ、$D=1.5$ 时，每 6.7μs 注入一个激光脉冲，不同时刻钝头体中心剖面流场密度分布如图 3.9 所示，图 3.10～ 图 3.12 分别为钝头体表面压力、温度和阻力随时间的变化情况。$t=10$μs 为第一个激光脉冲注入后的流场分布情况,在激光注入点形成近似球形的点爆炸波;$t=30\mu s$ 时已注入 4 个脉冲激光能量,点爆炸波随自由流向下游传播,形成准静态波结构,弓形激波和钝头体表面密度、压力、温度和阻力分布尚未受影响;$t=50\mu s$ 时已注入 7 个脉冲能量,弓形激波在准静态波的影响下发生畸变,向上游弯曲,发生透镜效应,高温高压和高密度区脱离钝头体表面,钝头体所受阻力开始降低;$t=80\mu s$ 时,弓形激波的畸变区域逐渐增大;$t=100\sim150\mu s$ 时流场已经基本稳定,弓形激波畸变为类似斜激波的形状,钝头体表面压力、温度和阻力普遍降低,驻点压力和热流分别降至 7.0×10^4Pa 和 $47.7W/cm^2$,为未施加激光能量时的 50% 和 75%,波阻降至 57N,为未施加激光能量时的 81%。

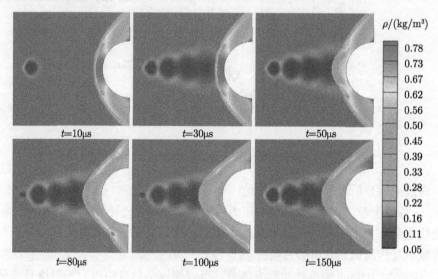

图 3.9　流场演化过程

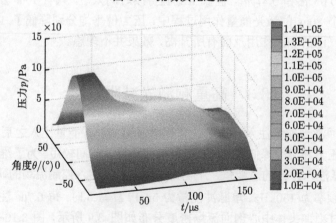

图 3.10　钝头体表面压力分布变化图

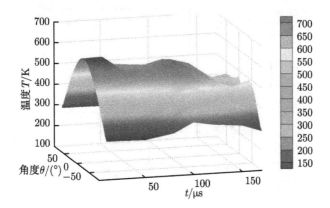

图 3.11 钝头体表面温度分布变化图

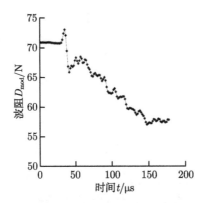

图 3.12 钝头体波阻变化曲线

3.4 关键因素对减阻的影响

3.4.1 激光频率对减阻性能的影响

研究对象为一截锥角 $\theta=30°$ 的截锥钝头体,其头部为一长方体截头后的剩余部分,后接一长方体。钝头体长 40mm,锥体头部直径 $R=10$mm,尾部直径 $D=20$mm,钝头体平面构形如图 3.13 所示。

计算网格总数为 90 万,网格划分及流场边界条件定义如图 3.14 所示。将来流方向设为压力远场边界条件即高超声速来流入口边界,截锥钝头体表面设为无滑移固壁条件,其他边界设为外推边界条件。来流马赫数为 6,静温为 228K,静压为 1200Pa。

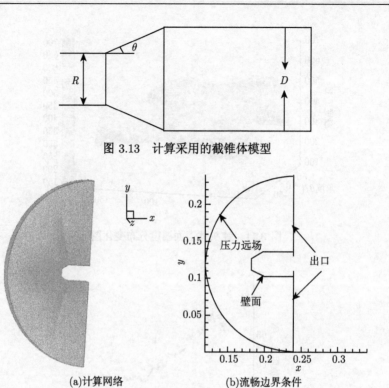

图 3.13　计算采用的截锥体模型

(a)计算网络　　　　　　　(b)流畅边界条件

图 3.14　计算网格及流场边界条件

　　将单脉冲激光能量为 5mJ，激光脉冲重复频率 $f=10\mathrm{kHz}$ 的高重频激光能量沉积到距离钝头体前表面中心点 40mm 处的前沿流场中，能量沉积后钝头体波阻随时间的变化如图 3.15 所示。从图中可以看出，与钝头体时的情形相似，截锥体受

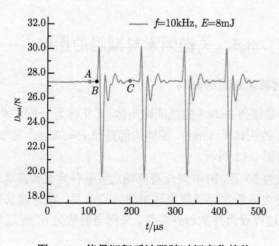

图 3.15　能量沉积后波阻随时间变化趋势

到的波阻呈周期振荡，其振荡周期约等于激光脉冲周期 $100\mu s$。由于激光脉冲周期较大，两次脉冲之间的时间间隔远大于激光脉冲开始沉积到激光能量沉积产生的激波与弓形激波作用结束这段时间，因此连续的两发脉冲作用效果相互独立互不影响。沉积的能量对钝头体波阻的影响可以看作是单脉冲作用效果的重复出现。

流场典型时刻的压力、温度和密度分布如图 3.16 所示。$t=100\mu s$ 时，能量开始

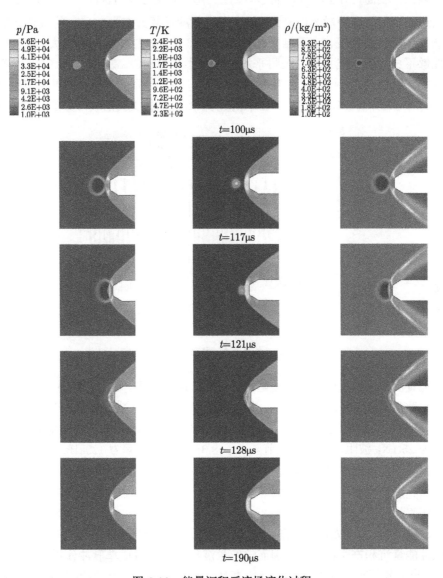

图 3.16　能量沉积后流场演化过程

沉积并产生点爆炸波。在高超声速来流作用下，$t=117\mu s$ 时点爆炸波到达弓形激波表面并开始与之相互作用。波阻在此后的 $70\mu s$ 时间段内出现振荡。随着相互作用结束，波阻逐渐恢复到能量沉积前的水平。

当 $t=121\mu s$ 时，点爆炸波与弓形激波相互作用产生的透射波到达截锥体表面，引起压力、温度和密度的暂时升高。当 $t=128\mu s$ 时，弓形激波发生变形，膨胀波形成于截锥体表面，引起压力、温度和密度的降低，此时波阻也降至最低值 19.6N。

通过沉积单脉冲激光能量为 5mJ，激光脉冲重复频率为 10kHz 的激光能量后，流场发生了一系列变化。但激光脉冲重复频率太低，脉冲的间隔较大，低波阻虽然能够形成，但不能持续，波阻平均值仅减小了 0.4N，减阻率为 1.5%。为获得更好的减阻效果，保持单脉冲激光能量 5mJ 不变，分别增加激光脉冲重复频率到 50kHz、80kHz、100kHz 和 120 kHz，能量沉积后钝头体受到的波阻如图 3.17 所示。

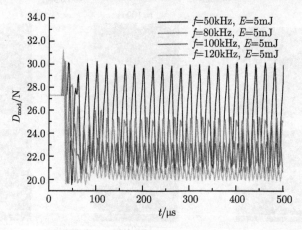

图 3.17   激光重复频率对波阻的影响

能量沉积后钝头体受到的波阻均有一定程度的减小。激光脉冲重复频率越大，钝头体受到的波阻平均值就越小，波的振荡程度也越小，波阻的振荡周期约等于其脉冲周期 $1/f$。当重复频率为 50kHz 时，钝头体受到的波阻振荡程度最大，波阻平均值为 25.1N，波阻较能量沉积前减小了 8.0%。重复频率为 120kHz 时，钝头体受到的波阻振荡程度最小，波阻平均值为 20.6N，波阻较能量沉积前减小了 24.5%。

激光脉冲重复频率为 50kHz、100kHz 和 120kHz 的激光能量沉积后钝头体周围的压强如图 3.18 所示。当重复频率为 50kHz 时，每隔 $20\mu s$ 沉积一发单脉冲激光能量，因此连续的两发脉冲间隔较大，后续的脉冲能量产生的激波无法追赶上前面的脉冲能量沉积产生的激波，因而该能量沉积下也可看成单脉冲作用效果的重复出现。当重复频率增加到 100kHz 时，每隔 $10\mu s$ 沉积一发激光脉冲能量，后续的脉冲能量沉积产生的激波能够追赶上先前能量沉积产生的激波，由于脉冲间隔也较大，形成的激波串减阻作用有限，减阻效果的持续性也较差，波阻振荡也较大。当重复频率增加到 120kHz 时，每隔 8.3μs 沉积一发激光脉冲能量，因此后续的脉冲能量沉积产生的激波能够追赶上先前能量沉积产生的激波，并且形成的激波串较强，激波串对弓形激波作用更强也更持续，弓形激波转变成了相对稳定的类似于斜激波的波系结构。波系内部的压强进一步降低，使钝头体受到的波阻大大降低，振荡程度也降低。

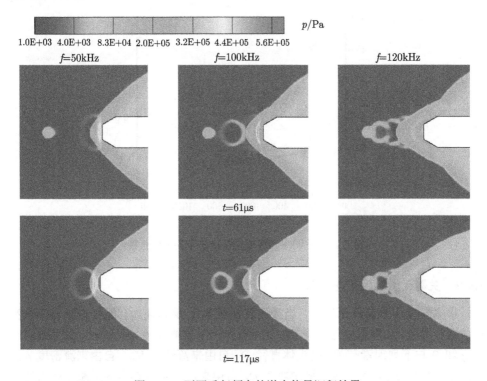

图 3.18 不同重复频率的激光能量沉积效果

随着激光频率的增加，沉积的能量功率也就增加，激光能量沉积产生的激波与弓形激波的相互作用也就越强，减阻效果增强。在不同频率的激光能量沉积下，能量沉积的减阻率 η 和能量效率 S 如图 3.19 所示。减阻率随激光脉冲重复频率的增加而增加，在 10~250kHz，减阻率增加较快，当激光脉冲重复频率达到 250kHz 即功率达到 1.25kW 时，减阻率增加变缓，减阻效果接近于饱和。在高功率、高频率的激光能量作用下，激光能量沉积产生的激波与弓形激波相互作用形成了比较稳定的类似于斜激波的波系。随着重复频率的继续增加，该波系并无明显变化，波阻的减少量并没有明显增多，减阻能力趋于饱和。

能量效率 S 在激光脉冲重复频率为 150kHz 时即功率为 0.75kW 时取得最大

值 20.5。频率较高意味着能量较大,造成浪费;而频率太低引起点爆炸波与弓形激波相互作用强度较弱,减阻效果欠佳。激光脉冲重复频率由 50kHz 增加到 250kHz时,沉积的激光功率增加了 1kW,减阻率增加了 4 倍左右,而激光脉冲重复频率由 1000kHz 增加到 1200kHz 时,沉积的能量也增加了 1kW,但减阻率几乎没有变化。上图竖虚线显示的激光脉冲重复频率为 220kHz,对应的减阻率和能量效率分别为 37.5% 和 17.6,是比较理想的选择。

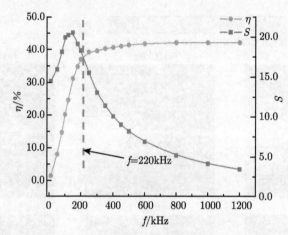

图 3.19　不同激光脉冲重复频率下的减阻性能

3.4.2　关键无量纲因子的提炼

根据实验和数值计算知道,当激光脉冲频率 f 足够高时,能够击穿自由来流形成准静态波,准静态波与弓形激波相互作用产生准静态流场结构时,激光减阻性能 η 和 S 与下列因素有关:钝头体直径 D,自由来流速度 V_∞,自由来流密度 ρ_∞,自由来流温度 T_∞,激光注入平均功率 P,自由来流比定压热容 c_p,激光注入位置与钝头体前缘的距离 L,流体动力黏度 μ,构造函数

$$\eta = f(D, V_\infty, \rho_\infty, T_\infty, P, c_p, L, \mu)$$
$$S = g(D, V_\infty, \rho_\infty, T_\infty, P, c_p, L, \mu) \tag{3-5}$$

为了保证几何、运动、动力和能量相似,选取 D、V_∞、ρ_∞ 和 T_∞ 为循环量,以 η 为例分析,于是有

$$\pi = \frac{\eta}{D^\alpha V_\infty^\beta \rho_\infty^\gamma T_\infty^\kappa}, \qquad \pi_5 = \frac{P}{D^{\alpha_5} V_\infty^{\beta_5} \rho_\infty^{\gamma_5} T_\infty^{\kappa_5}}, \qquad \pi_6 = \frac{c_p}{D^{\alpha_6} V_\infty^{\beta_6} \rho_\infty^{\gamma_6} T_\infty^{\kappa_6}}$$

$$\pi_7 = \frac{L}{D^{\alpha_7} V_\infty^{\beta_7} \rho_\infty^{\gamma_7} T_\infty^{\kappa_7}}, \qquad \pi_8 = \frac{\mu}{D^{\alpha_8} V_\infty^{\beta_8} \rho_\infty^{\gamma_8} T_\infty^{\kappa_8}} \tag{3-6}$$

各物理量的量纲如表 3.1 所示:

表 3.1 各物理量的量纲

物理量	D	V_∞	ρ_∞	T_∞	P	c_p	L	μ
量纲	L	LT^{-1}	ML^{-3}	K	ML^2T^{-3}	$L^2T^{-2}K^{-1}$	L	$ML^{-1}T^{-1}$

首先分析 π，因其分子分母量纲应该相同，而 η 量纲为 1，故

$$L^\alpha \left(LT^{-1}\right)^\beta \left(ML^{-3}\right)^\gamma K^\kappa = L^{\alpha+\beta-3\gamma}T^{-\beta}M^\gamma K^\kappa = 1 \tag{3-7}$$

得到

$$\alpha = \beta = \gamma = \kappa = 0 \tag{3-8}$$

故

$$\pi = \eta \tag{3-9}$$

再分析 P 的量纲，有

$$ML^2T^{-3} = L^{\alpha_5} \left(LT^{-1}\right)^{\beta_5} \left(ML^{-3}\right)^{\gamma_5} K^{\kappa_5} = L^{\alpha_5+\beta_5-3\gamma_5}T^{-\beta_5}M^{\gamma_5}K^{\kappa_5} \tag{3-10}$$

得到

$$\alpha_5 = 2, \quad \beta_5 = 3, \quad \gamma_5 = 1, \quad \kappa_5 = 0 \tag{3-11}$$

故

$$\pi_5 = \frac{P}{D^2 V_\infty^3 \rho_\infty} \tag{3-12}$$

然后分析 c_p 的量纲，有

$$L^2T^{-2}K^{-1} = L^{\alpha_6} \left(LT^{-1}\right)^{\beta_6} \left(ML^{-3}\right)^{\gamma_6} K^{\kappa_6} = L^{\alpha_6+\beta_6-3\gamma_6}T^{-\beta_6}M^{\gamma_6}K^{\kappa_6} \tag{3-13}$$

得到

$$\alpha_6 = 0, \quad \beta_6 = 2, \quad \gamma_6 = 0, \quad \kappa_6 = -1 \tag{3-14}$$

故

$$\pi_6 = c_p \frac{T_\infty}{V_\infty^2} \tag{3-15}$$

分析 L 的量纲，有

$$L = L^{\alpha_7} \left(LT^{-1}\right)^{\beta_7} \left(ML^{-3}\right)^{\gamma_7} K^{\kappa_7} = L^{\alpha_7+\beta_7-3\gamma_7}T^{-\beta_7}M^{\gamma_7}K^{\kappa_7} \tag{3-16}$$

得到

$$\alpha_7 = 1, \quad \beta_7 = 0, \quad \gamma_7 = 0, \quad \kappa_7 = 0 \tag{3-17}$$

故

$$\pi_7 = \frac{L}{D} \tag{3-18}$$

最后分析 μ 的量纲, 有

$$ML^{-1}T^{-1}=L^{\alpha_8}\left(LT^{-1}\right)^{\beta_8}\left(ML^{-3}\right)^{\gamma_8}K^{\kappa_8} = L^{\alpha_8+\beta_8-3\gamma_8}T^{-\beta_8}M^{\gamma_8}K^{\kappa_8} \tag{3-19}$$

得到

$$\alpha_8 = 1, \quad \beta_8 = 1, \quad \gamma_8 = 1, \quad \kappa_8 = 0 \tag{3-20}$$

故

$$\pi_8 = \frac{\mu}{DV_\infty \rho_\infty} \tag{3-21}$$

将所有 π 值汇总可得

$$\eta = f\left(\frac{P}{D^2 V_\infty^3 \rho_\infty}, \quad c_p \frac{T_\infty}{V_\infty^2}, \quad \frac{L}{D}, \quad \frac{\mu}{DV_\infty \rho_\infty}\right) \tag{3-22}$$

定义无量纲能量大小因子为沉积的激光功率 P 与自由流焓流 $\dot{H} = \rho_\infty c_p T_\infty V_\infty D^2$ 之比, 其表达式为

$$\varepsilon = \frac{P}{\dot{H}} = \frac{P}{\rho_\infty c_p T_\infty V_\infty D^2} \tag{3-23}$$

则公式 (3-22) 化为

$$\eta = f\left(\varepsilon c_p \frac{T_\infty}{V_\infty^2}, \quad c_p \frac{T_\infty}{V_\infty^2}, \quad \frac{L}{D}, \quad \frac{\mu}{DV_\infty \rho_\infty}\right) \tag{3-24}$$

马赫数和声速公式

$$Ma = \frac{V_\infty}{a} = \frac{V_\infty}{\sqrt{\gamma R T_\infty}} \tag{3-25}$$

其中, a 为声速, Ma 为马赫数, γ 为比热比, R 为气体常数。雷诺数公式

$$Re = \frac{V_\infty D \rho_\infty}{\mu} \tag{3-26}$$

将公式 (3-25) 和公式 (3-26) 代入公式 (3-24) 得

$$\eta = f\left(\frac{\varepsilon c_p}{\gamma R Ma^2}, \quad \frac{c_p}{\gamma R Ma^2}, \quad \frac{L}{D}, \quad \frac{1}{Re}\right) \tag{3-27}$$

若研究介质为空气, 则

$$\gamma = 1.4, \quad c_p = \frac{7}{2}R \tag{3-28}$$

将公式 (3-28) 代入公式 (3-27) 得

$$\eta = f\left(\frac{2.5}{Ma^2}\varepsilon, \quad \frac{2.5}{Ma^2}, \quad \frac{L}{D}, \quad \frac{1}{Re}\right) \tag{3-29}$$

无量纲因子的系数以及 $\frac{1}{Ma^2}$ 的指数可以消去,并消去 π_5 中的 Ma, Re 的倒数的函数与 Re 的函数是一个意思,得到

$$\eta = f\left(\varepsilon, \quad \frac{L}{D}, \quad Ma, \quad Re\right) \tag{3-30}$$

同理可得到

$$S = f\left(\varepsilon, \quad \frac{L}{D}, \quad Ma, \quad Re\right) \tag{3-31}$$

由公式 (3-30) 和公式 (3-31) 可得到简洁的结论:减阻性能取决于能量大小因子 ε,能量注入位置 L/D,来流马赫数 Ma 和雷诺数 Re。

3.4.3 能量注入位置对减阻性能的影响

在激光频率 80kHz,单脉冲能量为 5mJ 的条件下,计算得到无量纲能量 $\varepsilon=0.066$,即自由流焓的 6.6%。能量注入位置对钝头体表面驻点压力和热流的影响曲线如图 3.20 所示,在 $D=1.5$ 时,驻点压力和热流降低效果最显著,分别比未施加主动控制时降低了 40% 和 20%。从图 3.20 还可以看到,可能存在多个可以大幅降低驻点压力和热流的能量注入位置。

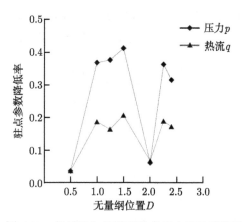

图 3.20 能量注入位置对驻点压力和热流的影响

取几个典型的 D 值,分析驻点压力和热流的变化原因。由前文分析可知,激光能量控制弓形激波的原理是利用了激光引致的爆炸波串与弓形激波相互作用改变弓形激波后气体的能量分布,引起弓形激波的畸变。$D=0.5$ 和 $D=2.0$ 分别代表激

光能量注入位置过于靠近或者远离弓形激波，导致爆炸波与弓形激波相互作用产生的压缩波阵面位于钝头体表面附近，引起了钝头表面压力和热流的升高。$D=1.5$ 代表最佳的能量注入位置，爆炸波与弓形激波相互作用产生的压缩波阵面远离钝头体表面，高压高温区域也随之脱离钝头体表面，从而有效降低了钝头体表面驻点的压力和热流。

将图 3.21 与单脉冲激光能量注入时的情况相对比还可以发现，$D=0.5$ 和 $D=2.0$ 与 $t=17\mu s$ 时的压力分布相似，$D=1.5$ 与 $t=35\mu s$ 时的压力分布相似，这意味着在高频激光能量注入的情况下，通过能量注入位置的优化，可以使高能量区域脱离钝头体表面，维持钝头体表面的低压低热流状态，反之，不恰当的能量注入位置则不能有效控制弓形激波后气流的能量分布，达不到保护钝头体的目的，揭示了高频激光能量注入降低钝头体表面压力和热流的原理。

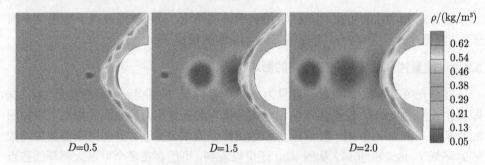

图 3.21　不同能量注入位置对流场影响的对比

来流参数仍采用表 3.2 数据。平均功率 $P=1000W$，马赫数为 2.5，取直径 $D=10mm$，研究了无量纲位置 L/D 对减阻率的影响结果如图 3.22 所示。

表 3.2　数据拟合结果

能量大小因子 ε	A	B	C	k	$\dfrac{-B}{2A}$
0.026	−23.6	69.3	−3.9	0.457	1.47
0.085	−25.7	79.1	5.1	0.137	1.54
0.128	−19.0	70.3	11.9	0.0914	1.85
0.171	−6.5	27.0	55.3	0.0686	2.08
0.256	−8.1	38.1	41.3	0.0457	2.35

将图 3.22 中曲线进行一元二次方程拟合，表达为公式的形式为

$$\eta = A\left(\frac{L}{D}\right)^2 + B\left(\frac{L}{D}\right) + C \tag{3-32}$$

由公式 (3-32) 可知，当基准阻力 D_{ref}、来流速度 V_∞ 和激光功率 P 一定时，减阻

率 η 与能量效率 S 呈线性比例关系，比例系数与能量注入位置 L/D 无关，为

$$k = \frac{S}{\eta} = \frac{D_{\text{ref}} \cdot V_{\infty}}{P} \tag{3-33}$$

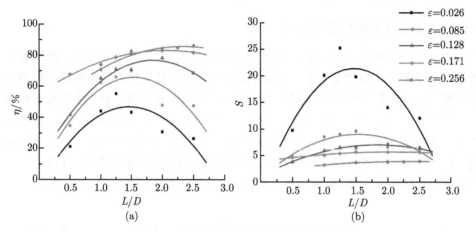

图 3.22　无量纲能量位置对减阻性能的影响

图 3.22 的拟合结果见表 3.2，其中 $-B/2A$ 即为减阻性能最优时的 L/D 值，显然该值与 ε 密切相关。将表 3.2 中的 ε 与 $-B/2A$ 进行数据拟合，得到曲线和方程分别如图 3.23 和公式 (3-34) 所示。

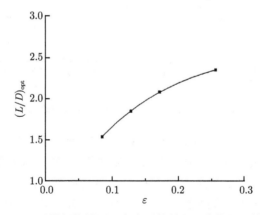

图 3.23　无量纲能量因子大小对能量注入优化位置的影响

$$\left(\frac{L}{D}\right)_{\text{opt}} = -2.14\mathrm{e}^{\frac{-\varepsilon}{0.13}} + 2.64 \tag{3-34}$$

分析以上结果，可以初步得到以下结论：

(1) 能量注入位置 L/D 对减阻性能的影响与 ε 密切相关，这符合 Π 定理的推导结果，即验证了公式 (3-30) 和公式 (3-31) 的预测。

(2) L/D 对减阻性能的影响曲线基本符合抛物线，存在优化的能量注入位置 $(L/D)_{\mathrm{opt}}$，当 ε 趋于 ∞ 时，L/D 趋于 2.6 左右。

3.4.4   能量注入大小对减阻性能的影响

选择 3 种不同大小的能量，对比其对钝头体表面驻点参数的影响，如图 3.24 所示。分别观察 3 种能量大小，可知能量注入位置对驻点参数控制效果的影响规律是相似的，都是出现了两个峰值，且出现位置相似，这印证了前文关于高重频激光沉积形成点爆炸波串与弓形激波相互作用的分析。对比 3 种能量可知，随着注入能量的提高，驻点压力和热流降低率提高，当 ε =49.2% 时，驻点压力和热流最高分别降低了 83.3% 和 56.9%。能量大小不同引起爆炸波强度的不同，使降低率最高时的能量注入位置不同，随着能量的提高，该注入位置由 1.5 向 1.25 移动。

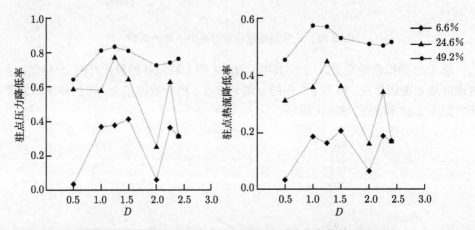

图 3.24   种能量注入大小在不同位置对驻点参数的影响对比

在 D =1.25 的位置注入不同大小的激光能量，得到无量纲能量因子 ε 对驻点参数的影响如图 3.25(a) 所示。随着能量注入的提高，驻点压力和热流的降低率呈上升趋势，当 ε 由 0.123 提高至 0.369 时，驻点压力降低率由 64.3% 升高至 83.5%，驻点热流降低率由 31.8% 升高至 55.6%。由图 3.25(b) 可知激光能量的注入对钝头体表面压力分布有较大影响，尤其是高压力区域的压力降低效果更加明显。当 ε=0.123 时，峰值压力由未施加能量时的 1.4×10^5Pa 降低至 6.7×10^4Pa，此时 0°线两侧的压力分布并不十分对称，其原因可能是钝头体上游出现了一定程度的湍流。当 $\varepsilon > 0.369$ 时，驻点压力和热流的降低效果随着能量的提高没有显著提高，说明激光能量对其降低能力已达到极限。

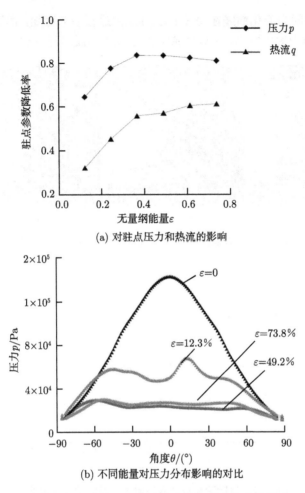

(a) 对驻点压力和热流的影响

(b) 不同能量对压力分布影响的对比

图 3.25 能量注入大小对钝头体压力和热流的影响

为揭示能量提高降低驻点压力和热流的机制，将 3 种不同的能量注入对流场压力分布影响做对比，如图 3.26 所示。随着能量的提高，弓形激波变形程度增强，脱体距离增大，钝头体表面压力显著降低。

在 $D=1.25$ 处沉积 100mJ 的单脉冲激光能量，钝头体波阻的变化曲线如图 3.27 所示，从中可知阻力呈现先增大后减小，最后恢复到初始值的趋势。在无能量作用时，钝头体受到的波阻约为 70N，当激光引致的点爆炸波到达弓形激波位置，相互作用产生的透射激波向壁面移动，引起阻力升高，当 $t=20.5\mu s$ 时波阻升至峰值 157N，较原阻力约增大了 1.2 倍；随后由于高温低密度区与弓形激波作用，壁面附近形成膨胀波并扩大其影响区域使阻力开始下降，在 $t=36.1\mu s$ 时，阻力降到最低，只有 3N 左右；随着相互作用趋于结束，阻力开始上升，$t=80\mu s$ 时阻力基本恢复到原来的状态。对阻力变化曲线在 $0 < t < 80\mu s$ 内进行积分可知，由于能量的注入，钝头体受到的阻力大大减小，单脉冲激光能量注入的减阻百分比为 15.8%。

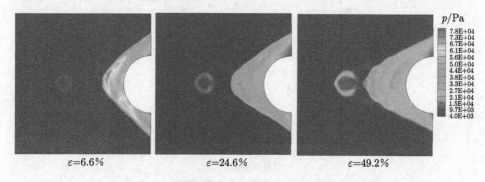

图 3.26　3 种能量注入大小对压力分布影响的对比图

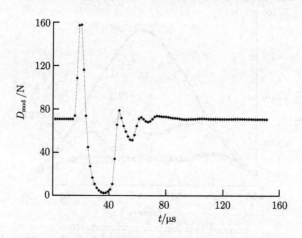

图 3.27　单脉冲能量注入后阻力随时间的变化曲线

单脉冲激光能量虽然能够降低波阻，但是随着激光能量作用的结束，阻力将恢复到初始值，因此高重频激光能量注入是比较理想的选择。

在 $D=1.25$ 处注入不同大小的激光能量，得到对波阻的影响曲线如图 3.28 所示，随着激光注入能量的提高，钝头体波阻显著下降，且下降趋势变缓，最终区域稳定。当 $\varepsilon=0.74$ 时，波阻 D_{mod} 由未施加能量时的 70N 降至 15N，减阻百分比达到 79%。但并非激光能量注入越多越好，能量的提高导致能量效率急剧降低，当 $\varepsilon=0.74$ 时，能量效率 S 由 30 降至 12，如图 3.29 所示。因此，激光减阻百分比 η 与能量效率 S 是相互制约的关系，需要综合权衡才能确定激光大小。

取特定的马赫数和能量注入位置，研究无量纲能量大小对减阻性能的影响，表 3.3 为计算初始条件。

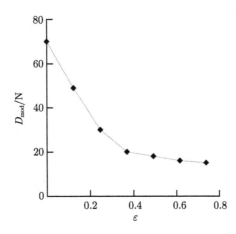

图 3.28 激光能量大小对波阻的影响

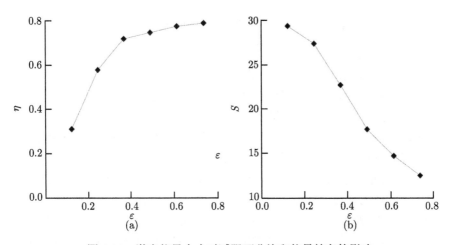

图 3.29 激光能量大小对减阻百分比和能量效率的影响

表 3.3 冷流场初值条件

压强/Pa	温度/K	密度/(kg/m³)	马赫数	位置 L/D
5.8×10^4	130	1.5687	2.5	1

图 3.30 是在 3 种钝头体尺寸条件下, 无量纲能量因子的提高对减阻性能的影响。从中可以看出, 随着 ε 的提高, 减阻率增大, 在 $\varepsilon > 0.7$ 时, 减阻百分比变化趋势放缓, 维持在 69% 上下。能量效率随着无量纲能量的增大而减小, 当无量纲能量为 0.13 时, 能量效率约为 10, 当无量纲能量为 0.8 时, 能量效率降低到 2 左右。对于 3 种不同的钝头体尺寸, 变化趋势是一致的, 这显示了无量纲因子的有效性。

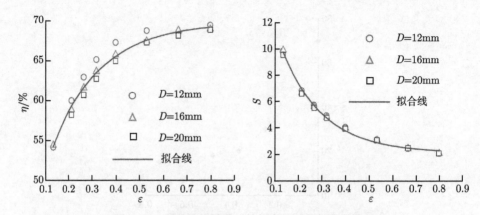

图 3.30　无量纲能量因子的提高对减阻性能的影响

将图 3.30 数据进行指数拟合，可得到

$$\eta = -29.49\mathrm{e}^{\frac{-\varepsilon}{0.21}} + 69.80$$
$$S = 16.52\mathrm{e}^{\frac{-\varepsilon}{0.17}} + 2.13$$

(3-35)

分析公式 (3-35)，在表 3.3 的条件下计算，可以得到以下结论：

(1) 当 ε 趋于 0 时，η 趋于 40.31，S 趋于 18.65；当 ε 趋于 ∞ 时，η 趋于 69.80，S 趋于 2.13。这意味着：减阻效率 η 的最低值为 40% 左右，最高值为 70% 左右；能量效率 S 的最低值为 2 左右，最高值为 18 左右。这就确定了改变能量因子大小 ε 所能得到的激光减阻性能参数的大致范围。

(2) 式中的指数项为 ε 乘以一个系数，结合公式 (3-30) 和公式 (3-31)，可知该系数很有可能是包含马赫数或 L/D 的项，这就为后续进一步研究指明了方向。

(3) 式 (3-35) 是在特定的计算条件下数据拟合得到的结论，其系数和常数项必然存在较大局限性，须在更广泛的研究中修正或者提炼更有普遍意义的系数。

3.4.5　来流马赫数对减阻性能的影响

来流参数仍采用表 3.3 数据。平均功率 $P=1000\mathrm{W}$，取直径 $D=12\mathrm{mm}$，$L/D=1$，研究了马赫数分别为 2.5、3、4、5、6、7、8、9 和 10 九种情况下激光减阻效果。减阻百分比和能量效率随马赫数的变化曲线如图 3.31 所示。从图中可以看出，①在所研究的范围内，减阻百分比随着马赫数的增加而减小，在马赫数为 2.5 时，减阻百分比高达 63%，而马赫数为 10 时，减阻百分比只有 1% 左右，若马赫数继续增加，减阻百分比会无限趋近于 0。因此若想提高高马赫数时的减阻百分比，要相应地提高注入的激光能量。②能量效率的变化与减阻百分比的变化不同，能量效率与来流马赫数的关系曲线近似于抛物线。在马赫数小于 5 时，能量效率随着马赫数的增加而增加，当马赫数在 5~6 时，能量效率达到最大，约为 14，随着马赫数的进一步增大，能量效率开始下降，在马赫数为 10 时，能量效率下降到 7。

　　然而，此研究结果尚不能用于对公式 (3-24) 和公式 (3-25) 的拟合，其原因是在该项研究过程中没有保持 ε 的恒定，这样就无法将马赫数对减阻性能的影响单独剥离出来。下一步研究应注意此问题，补充计算数据结果。

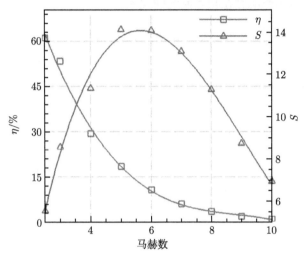

图 3.31　减阻百分比和能量效率随马赫数的变化曲线

3.5　小　　结

　　(1) 本章揭示了激光减阻机理。当激光引致的点爆炸波到达弓形激波位置时，弓形激波将发生畸变，流场压力和温度分布随之发生变化。在特定时刻，高压高温区域脱离钝头体表面，钝头体表面附近形成低压低密度通道，表面温度和压力随之降低。这是激光能量注入降低钝头体表面压力和热流的作用机制。采用高重频的激光能量注入方式，能够利用较低的激光总能量形成相对稳定的准静态波结构，在钝头体表面形成持续的低压低密度区域，可显著降低钝头体的波阻。

　　(2) 得到了关键因素对激光减阻性能的影响规律。准静态波的形成是有效降低波阻并获得比较稳定流场的前提条件，为满足该条件，需要较高的激光重复频率，数值计算得到的优化结果在 200kHz 左右。对于特定单脉冲激光能量，存在最佳的激光能量注入位置，在该位置提高能量大小，可提高波阻降低率。继续提高激光能量时减阻百分比变化不大，但能量效率随着注入能量的提高急剧降低。来流马赫数越高，保持相同减阻百分比和最佳能量效率需要的单脉冲激光能量就越大，同一个激光能量对应一个最佳的来流马赫数。

　　(3) 提炼了无量纲的激光减阻因子。利用 Ⅱ 定理分析了影响激光减阻性能的多种因素, 得到了比较简洁的数学表达式, 结果表明: 减阻性能取决于无量纲能量大小 ε、马赫数、激光注入位置 $\dfrac{L}{D}$、雷诺数 Re。ε 与 η 和 S 呈指数关系, 马赫数与 η 呈指数关系、与 S 呈二次函数关系, $\dfrac{L}{D}$ 与 η 和 S 呈二次函数关系。这三个因素对激光减阻性能的影响存在相互制约的关系。

第 4 章　激光能量控制IV型激波干扰

斜激波与弓形激波的相互作用在高超声速飞行器进气道唇口或其他前缘位置时常发生，根据作用位置的不同可大体分为六种类型，其中IV型激波干扰发生在弓形激波法线位置附近。由于产生了强烈压缩气流的超声速射流，IV型激波干扰对飞行器前缘存在强烈的冲刷和烧蚀，对飞行器热防护提出了挑战。

与第 3 章研究的弓形激波相比，IV型激波干扰更加复杂，在弓形激波的法向位置附加了一个斜激波。激光能量控制IV型激波干扰的思路来源于激光减阻研究中得到的激光"空气锥"概念，将激光"空气锥"施加于弓形激波上游，将斜激波与弓形激波的相互作用强制改变为斜激波、弓形激波和激光"空气锥"这三者的相互作用，有望降低斜激波与弓形激波的相互作用强度，从而降低IV型激波干扰对飞行器的影响。同时，激光"空气锥"仍然能发挥其减阻能力，是一种同时实现隔热减阻的新方法。

本章首先详细刻画了单脉冲激光能量控制IV型激波干扰的过程，揭示了钝头体表面热流和压力降低的机理，而后研究了高重频激光能量控制IV型激波干扰的过程，最后通过研究能量注入位置和大小这两个关键参数对控制效果的影响规律，提出了激光参数选择方法的科学参考。

4.1　计算模型和六类激波干扰特性

计算和实验的斜劈和钝头体均采用二维平面构型，斜劈角度 15°，钝头体直径 20mm，z 方向定义为周期边界 (periodic)。来流马赫数为 5，静压为 4349Pa，静温为 100K，计算时作为压力远场边界条件，计算模型为二维。为提高钝头体表面网格质量，采用如图 4.1 所示的结构网格划分方式。斜劈和钝头体表面定义为无滑移壁面边界条件，其他各面均定义为外推边界条件。采用 GridgenV15 商用软件分区划分结构网格，网格总数目为 30 万。

采用第 2 章所述计算方法进行二维计算，六类不同的斜激波和弓形激波干扰特性通过调整斜劈和钝头体的相对位置分别计算得到，并与纹影实验进行对比，结果如图 4.2 所示。I 型激波干扰中，透射斜激波向钝头体壁面传播，并在钝头体表面反射，将引起激波/边界层相互作用；II 型激波干扰产生了向下游传播的剪切层，剪切层未与钝头体表面发生明显的相互作用；III 型产生了附着于钝头表面的剪切层，可能在附着位置引起较高程度的热传导；IV 型产生了射向钝头体壁面的超声速射流,将为钝头体表面带来极高的压载和热载;Ⅴ型产生的剪切层未与钝头体相互作用,但透射激波射向钝头体表面;Ⅵ型与Ⅴ型相似,但未产生射向钝头体表面的透射激波。六幅彩色纹影照片中,Ⅲ型和Ⅳ型的色彩对比明显,波系结构相对更加清晰,其原因是实验中这两幅与其他四幅采用了不同类型的彩色相机,彩色相机对色彩的灵敏度有所区别。

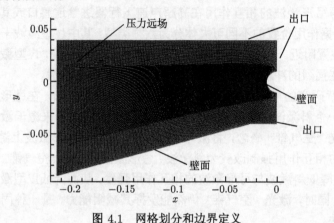

图 4.1　网格划分和边界定义

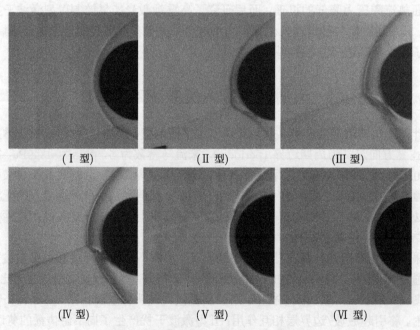

图 4.2　六类激波干扰的彩色纹影照片

4.1.1 I 型激波干扰

I 型激波干扰导致了激波与边界层的相互作用,如图 4.3 中马赫数分布云图,斜激波与弓形激波相互作用形成一道剪切层,弓形激波与剪切层以上部分形成一个低马赫数区域 A。弓形激波与驻点之间的区域存在一个低马赫数区域 B,由于斜激波的作用位置离唇口较远,相比于无激波干扰时的表面马赫数分布,唇口表面马赫数分布变化较小。从壁面马赫数数值分布上看,仅在激波干扰作用点附近区域的壁面马赫数有所下降,与激波干扰作用点越近的区域,马赫数降低幅度越大。

从温度分布云图可以看出,斜激波对唇口表面温度分布影响不大,存在的两个高温区域分别是弓形激波到唇口驻点之间的 D 区域和斜激波与弓形激波相互作用点附近的 C 区域,温度峰值是来流静温的 3.3 倍。与无激波干扰的温度分布曲线相比较,在与斜激波相接触的 C 区域附近的壁面温度明显增加,由于发生激波干扰之后,阻碍了头部驻点处的热量散发,导致驻点 D 区域附近的壁面的温度也有较小幅度的升高。

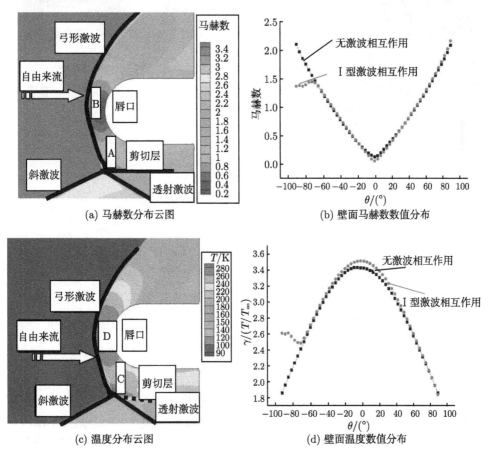

(a) 马赫数分布云图 (b) 壁面马赫数数值分布

(c) 温度分布云图 (d) 壁面温度数值分布

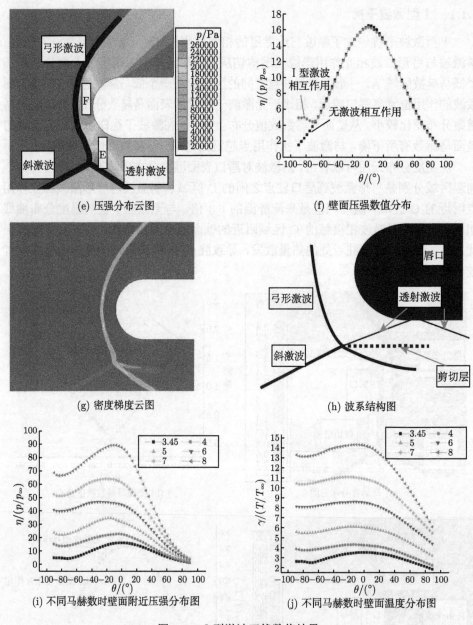

(e) 压强分布云图　　　　　　　　　(f) 壁面压强数值分布

(g) 密度梯度云图　　　　　　　　　(h) 波系结构图

(i) 不同马赫数时壁面附近压强分布图　　　(j) 不同马赫数时壁面温度分布图

图 4.3　Ⅰ型激波干扰数值结果

　　从压力分布云图上看出,激波干扰对壁面压强分布影响很小,整个云图存在两个高压区,一个是斜激波与弓形激波作用点附近的 E 区域,另一个是弓形激波与唇口驻点之间的 F 区域。压强峰值是来流静压的 16 倍。与无激波干扰的压强分布曲线相比较，在与斜激波相接触的 E 区域附近的壁面压强明显增加，唇口其他部位的压强没有变。

根据 Edney 划分的六类激波干扰，I 型激波干扰作用形成后，会产生一道透射激波，这道透射激波冲击壁面，然后反射出去。如图 4.3 中数值计算密度梯度云图结果，弓形激波与斜激波相互作用，产生一道明显的剪切层，密度梯度最大区域有两个，一个是唇口驻点附近弓形激波区域，另一个是弓形激波与斜激波相互作用后产生的透射激波区域。相比较发现，I 型干扰无透射波与唇口作用，未形成反射。

不同马赫数条件下，同类激波干扰的壁面压强与温度分布趋势相同，但随着马赫数增大，壁面压强与温度明显增大。从壁面压强分布曲线上看，在 $-90°$ 附近的压强值差距最大，在马赫数为 8 条件下 $-90°$ 处的压强值是马赫数为 4 相同点压强值的 14 倍，峰值变化也比较明显，在马赫数为 8 条件下 $-90°$ 处的压强峰值是马赫数为 4 相同点压强值的 6 倍，在 $90°$ 附近的压强值变化较小。从壁面温度分布曲线上看，在 $-90°$ 附近的压强值差距最大，在马赫数为 8 条件下 $-90°$ 处的压强值是马赫数为 4 相同点压强值的 5 倍，峰值变化也比较明显，在马赫数为 8 条件下 $-90°$ 处的温度峰值是马赫数为 4 相同点压强值的 4 倍，在 $90°$ 附近的温度值变化较小。

4.1.2 Ⅱ型激波干扰

根据 Edney 划分六类激波干扰的标准推断，Ⅱ 型激波干扰导致了激波与边界层的相互作用，如图 4.4 所示的马赫数分布云图，斜激波与弓形激波相互作用形成一道透射激波与剪切层，由于剪切层阻隔了驻点附近的沿唇口向下流动的气流，因此在弓形激波与驻点之间，剪切层以上部分形成一个大的低马赫数区域 A。从壁面马赫数分布数值上看，在激波干扰作用点附近区域的壁面马赫数大幅下降。在 $0° \sim 90°$ 范围里，壁面附近马赫数与无激波干扰时壁面附近马赫数相同。

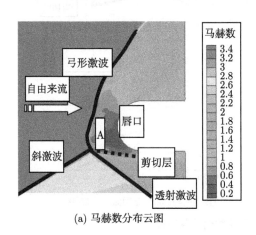

(a) 马赫数分布云图

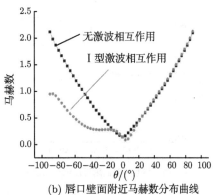

(b) 唇口壁面附近马赫数分布曲线

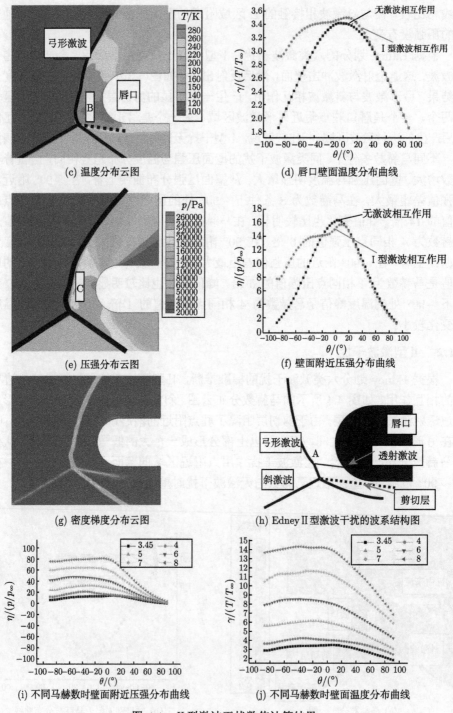

图 4.4　Ⅱ型激波干扰数值计算结果

从温度分布云图上可以看出,斜激波与弓形激波相互作用形成的剪切层将高温区域拦截在弓形激波与驻点之间的 B 区域,温度的最高区域在驻点偏下方,温度峰值是来流静温的 3.3 倍。与无激波干扰的温度分布曲线相比较,在与斜激波相接触的 B 区域附近的壁面温度明显增加,从数值分布来看,唇口 0° ~ 90° 区域的温度值变化较小。

在压强分布云图中,斜激波与弓形激波作用后形成一道明显的透射激波,显然,在其他温度云图中所能看到的剪切层,对压强分布不构成影响,弓形激波与透射激波包围的区域压强最高,压强的最高区域在弓形激波与唇口驻点之间的 C 区域,最高压强是来流静压的 16 倍。与无激波干扰的压强分布曲线相比较,在与斜激波相接触的区域附近的壁面压强明显增加,唇口上半部分的压强变化较小。

Edney 划分的六类激波干扰中 II 型激波干扰作用形成后,弓形激波在作用点上方发生变化,产生一道透射激波,这道透射激波冲击壁面;在作用点处形成一道剪切层。而从密度梯度云图上看,弓形激波在作用点上方发生变化,但并未产生一道透射激波;弓形激波与斜激波相互作用点处,产生一道明显的剪切层,剪切层一直延伸到唇口下方,在两条激波相交的区域附近存在一定的密度梯度,密度梯度最大区在弓形激波与斜激波相互作用后产生的透射激波区域。

不同马赫数条件下,同类激波干扰的壁面压强与温度分布趋势相同,但明显随着马赫数增大,壁面压强与温度明显增大。从壁面压强分布曲线上看,在 −90° ~ 0° 的区域压强值差距最大,在马赫数为 8 条件下 −90° 处的压强值是马赫数为 4 相同点压强值的 8 倍,在 0° ~90° 附近的压强值变化较小。从壁面温度分布曲线上看,在 −90° ~0° 附近的压强值差距最大,在马赫数为 8 条件下 −90° 处的压强值是马赫数为 4 相同点压强值的 3.5 倍,峰值变化也比较明显,在 0° ~90° 附近的温度值变化较小。由于不同马赫数条件下弓形激波与唇口之间的距离不同,并且斜激波的入射角度略有偏差,唇口壁面附近压强分布和温度分布趋势相似但并不完全相同。

4.1.3 III型激波干扰

III型属于分离边界层的再附着,如图 4.5 所示的数值计算结果,从马赫数分布云图来看,斜激波与弓形激波相互作用形成一道透射激波与剪切层,由于剪切层阻隔了驻点附近的沿唇口向下流动的气流,因此在弓形激波与驻点之间,剪切层以上部分形成一个大的低马赫数 A 区域。从壁面马赫数分布数值明显看出,在激波干扰区域附近,壁面附近马赫数有所下降,而在 0° ~ 90° 区域,壁面附近马赫数却有所增加,究其原因,剪切层阻隔的气流沿着唇口壁面向上流动,造成壁面附近存在较大的流动速度。

从温度分布云图可以看出,斜激波与弓形激波相互作用形成的剪切层将高温区域拦截在弓形激波与驻点之间的 B 区域,由于流向唇口的气流受剪切层的阻碍,

(a) 马赫数分布云图

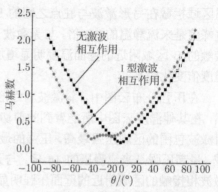

(b) 唇口壁面附近马赫数分布曲线

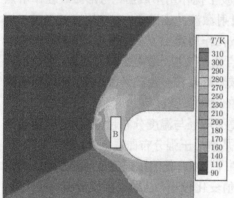

(c) 温度分布云图

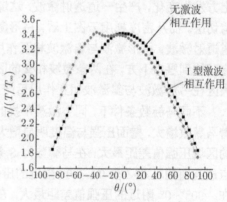

(d) 唇口壁面温度分布曲线

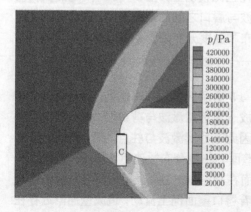

(e) 压强分布云图

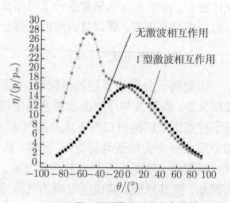

(f) 唇口壁面附近压强分布曲线

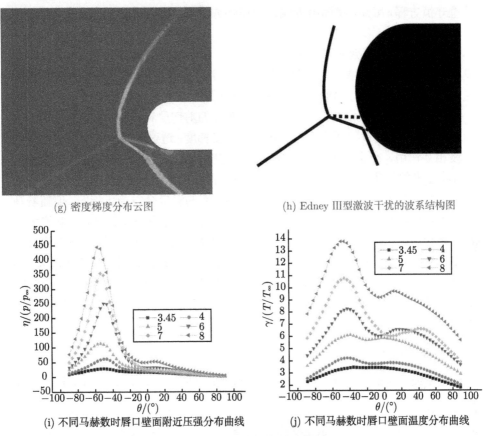

(g) 密度梯度分布云图　　　　　　　　(h) Edney III型激波干扰的波系结构图

(i) 不同马赫数时唇口壁面附近压强分布曲线　　(j) 不同马赫数时唇口壁面温度分布曲线

图 4.5　III型激波干扰计算结果

只能沿着唇口壁面向上流动，这种气体流动有效地将弓形激波后面的高温区域挡在唇口壁面之外。温度峰值为来流静温的 3.5 倍。从壁面温度分布曲线可以明显看出唇口的下半部分 $-90°\sim0°$ 范围的壁面均有所增加，而在上半部分 $0°\sim90°$ 范围的壁面温度均有下降，其原因在于剪切层阻隔的气流沿着唇口壁面向上流动，壁面附近一些热量被流体带走，因此壁面的温度值比无激波干扰时壁面温度低。

在压强分布云图中，斜激波与弓形激波作用形成一道透射激波，该透射激波与斜激波后面的第二道弓形激波相互作用，显然，斜激波与第一道弓形激波作用形成透射激波对压强分布没有影响。压强最高区域是射激波与斜激波后面的弓形激波相互作用区所对应的唇口壁面 C 区域，这个区域温度也比较高，因此容易形成烧蚀影响。最高压强是来流静压的 28 倍。从壁面压强分布曲线来看，在 C 区域附近的壁面压强明显增加，并且增加幅度很大，而在 $0°\sim90°$ 范围的壁面压强略微减小，究其原因是剪切层阻隔的气流沿着唇口壁面向上流动，由伯努利方程 (也称能量守恒方程) 可知, 壁面附近流体的压强势能降低, 造成壁面附近的压强有所减小。

从 Edney 的 III 型激波干扰波系结构来看, 斜激波与弓形激波相互作用, 产生一道剪切层和一道透射激波, 透射激波与第二道弓形激波形成一道较短的剪切层, 两道剪切层延长线均作用到唇口。从密度梯度分布云图观察 III 型激波干扰波系结构, 弓形激波与斜激波相互作用, 产生一道明显的剪切层和透射激波。剪切层一直延伸到唇口壁面, 唇口壁面的作用区域存在密度梯度; 透射激波与斜激波后面的弓形激波相互作用, 产生一道较短的剪切层, 密度梯度最大区在第一道透射激波区域, 由此看出数值计算结果与 Edney 关于 III 型激波干扰的描述相同。

不同马赫数条件下, 同类激波干扰的壁面压强与温度分布趋势相同, 但随着马赫数增大, 壁面压强与温度明显增大, 相对于 I 型、II 型激波干扰来说, 其增大的倍数也相应增大, 但是在马赫数为 6、7、8 时, 在唇口 0° 区域附近, 压强与温度降低幅度相对于较低马赫数更大, 并且有一个恢复过程, 究其原因是马赫数增大, 剪切层阻隔的气流沿着唇口壁面向上流动的速度越大, 因而带走的热量更多, 压强降也更快。但同时, 马赫数增大, 形成的弓形激波弧度也增大, 阻碍了沿着唇口壁面向上的流动, 因而唇口壁面的压强与温度又快速回升。

4.1.4　IV 型激波干扰

IV 型激波干扰的流场压力、温度、马赫数和流线分布如图 4.6 所示, IV 型激波

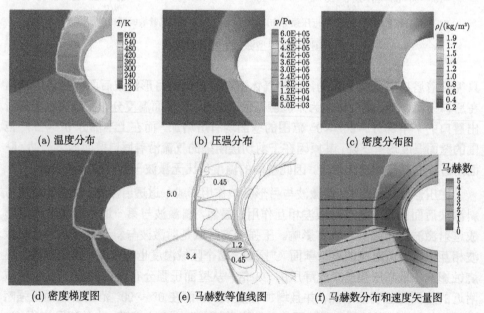

(a) 温度分布　　　　　　　　(b) 压强分布　　　　　　　　(c) 密度分布图

(d) 密度梯度图　　　　(e) 马赫数等值线图　　　　(f) 马赫数分布和速度矢量图

图 4.6　存在 IV 型激波干扰时的压力和温度分布

干扰的存在改变了钝头体表面的压力和温度分布, 驻点压力达到 $6.2×10^5\text{Pa}$, 热流达到 506W/cm^2。图 4.7 为存在IV型激波干扰时钝头体表面压力和热流与孤立钝头体时的对比, 其中 q_0 为孤立钝头体时的热流, 从中可知峰值压力升高将近 5 倍, 驻点附近的热流升高将近 8 倍, 为钝头体带来了较高的压载和热载。

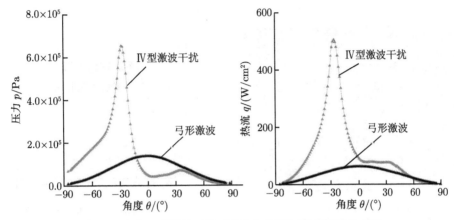

图 4.7 存在IV型激波干扰时压力和热流与孤立钝头体对比

压力和热流提高的根本原因是IV型激波干扰产生了射向钝头体壁面的超声速射流, 因此在钝头体上游注入激光能量, 改变波系结构, 阻止超声速射流的产生, 可有效降低压载和热载。

4.1.5 V 型激波干扰

V 型激波干扰导致激波/边界层干扰, 如图 4.8 所示的数值计算的结果, 斜激波与弓形激波相互作用形成一道透射激波与剪切层, 在剪切层上方, 弓形激波后面, 有一个大马赫数区域 B。透射激波与第二道弓形激波作用形成一道透射激波与长的剪切层, 由于该剪切层阻隔了驻点附近的沿唇口向下流动的气流, 因此在弓形激波与驻点之间, 剪切层以上部分形成一个大的低马赫数区域 A。V 型激波干扰形成的 "喷流" 作用到唇口表面, 由于剪切层的阻隔, 气流只能沿着壁面向上流动, 在 C 区域形成膨胀区域, 这个区域速度增大并且温度降低, 因此马赫数较高。与无激波干扰时的壁面附近马赫数分布曲线比较可以看出, 在 $-90° \sim 0°$ 区域, 唇口壁面附近马赫数有较小幅度的减小, 而在 $0° \sim 90°$ 区域, 唇口壁面附近马赫数大幅度升高, 甚至高于来流马赫数, 正是 C 区域形成了膨胀区域的缘故。

从温度分布云图可以看出, 斜激波与弓形激波作用形成一道较短的透射激波, 该透射激波与斜激波后面的弓形激波相互作用, 形成的 "喷流" 将高温区域围在第二道弓形激波与驻点之间的 D 区域。在形成的 "喷流" 上方形成一个高温区域 E, 由于 "喷流" 作用唇口表面后气流沿着唇口壁面向上流动, 有效阻隔了高温区 E 对唇口壁面的影响。值得一提的是，沿壁面向上的流动气体在唇口上部形成膨胀区 F，这个区域的温度很低，甚至低于来流静温，最低温度为来流静温的 0.8 倍。温度峰值为来流静温的 3.4 倍。从壁面温度分布曲线来看，在 −90° ∼ 0° 范围内有所上升，在 0° ∼ 90° 范围有所下降，但是在 "喷流" 的作用点处，存在一个温度峰值点。

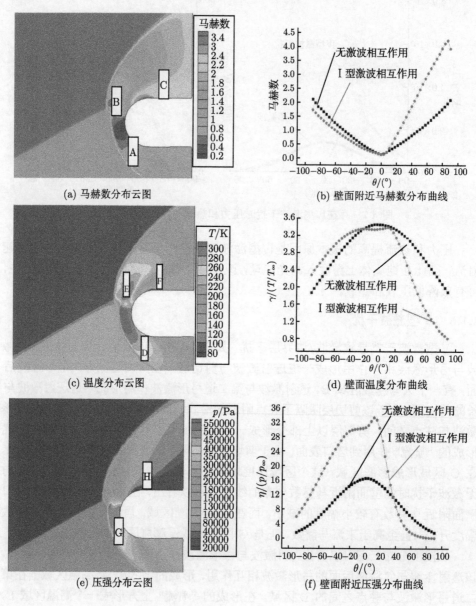

(a) 马赫数分布云图　　　　　　　　(b) 壁面附近马赫数分布曲线

(c) 温度分布云图　　　　　　　　　(d) 壁面温度分布曲线

(e) 压强分布云图　　　　　　　　　(f) 壁面附近压强分布曲线

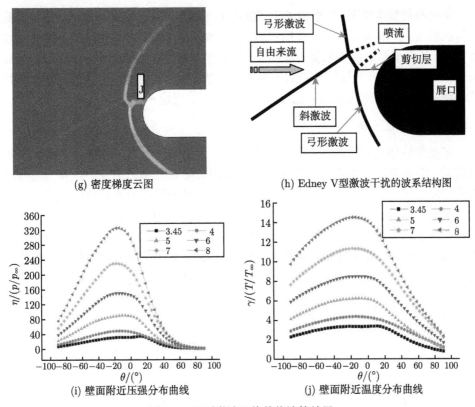

(g) 密度梯度云图　　　　　　　　(h) Edney V型激波干扰的波系结构图

(i) 壁面附近压强分布曲线　　　　　　(j) 壁面附近温度分布曲线

图 4.8　V 型激波干扰数值计算结果

在压力分布云图中，斜激波与弓形激波作用形成一道较短的透射激波，该透射激波与斜激波后面的弓形激波相互作用，形成的"喷流"将高压区域围在第二道弓形激波与驻点之间的 G 区域，压力峰值有两个点，一个在唇口驻点附近，另一个在透射激波与第二道弓形激波相互作用点附近，压力峰值是来流静压的 34 倍。值得一提的是，在图中 H 区域存在一个低压强区域，造成这个低压区域存在的原因是"喷流"冲击壁面之后沿着壁面向上的流体形成一个膨胀区域，以上讨论过，在这个区域里的温度降低，压强也降低。从壁面附近压强分布曲线来看，低压区域最低压强值仅为来流静压的 0.1 倍。

根据 Edney 划分的六类激波干扰中 V 型激波干扰作用形成后，斜激波与弓形激波作用首先产生透射激波以及类似"喷流"的结构，透射激波与第二道弓形激波作用产生的剪切层作用到唇口。数值计算得到的结果与该结构吻合。弓形激波与斜激波相互作用，产生透射激波，透射激波与斜激波后面的弓形激波相互作用，形成类似"喷流"的结构冲击唇口，冲击区域附近存在密度梯度。密度最大区域在唇口驻点附近第二道弓形激波区域 J 区。

　　不同马赫数条件下, Ⅴ型激波干扰的壁面压强与温度分布趋势相同, 但明显随着马赫数增大, 壁面压强与温度明显增大。相对于Ⅳ型激波干扰来说, 不同马赫数条件下, 其壁面附近压强峰值开始降低。在Ⅲ型和Ⅳ型激波干扰中, 出现在马赫数为 6、7、8 时, 温度降低幅度相对于较低马赫数更大, 并且有一个恢复过程, 然而从Ⅴ型激波干扰的壁面压强与温度分布曲线上看, 已经不存在。

4.1.6　Ⅵ型激波干扰

　　Ⅵ型导致膨胀扇面和边界层的相互作用。如图 4.9 中Ⅵ型激波干扰的数值计算结果, 斜激波与弓形激波的作用对唇口表面马赫数分布影响较小, 第二道弓形激波与驻点之间的区域是一个低马赫数区 A, 在第一道弓形激波与剪切层之间有一个次低马赫数区域 B。值得一提的是, 沿着壁面向上的来流形成了膨胀区域 C, 气流在膨胀区的速度增加, 温度降低, 因而当地的声速很小, 于是形成马赫数很高的区域, 马赫数峰值是来流马赫数的 12 倍。与无激波干扰时的壁面附近马赫数分布曲线比较可以看出, 在 $-90° \sim 0°$ 区域, 唇口壁面附近马赫数有所减小, 究其

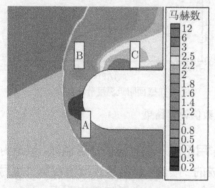

(a) 马赫数云图

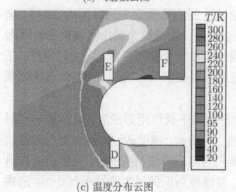

(c) 温度分布云图

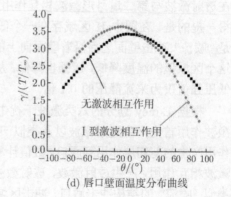

(b) 唇口壁面附近马赫数分布曲线

(d) 唇口壁面温度分布曲线

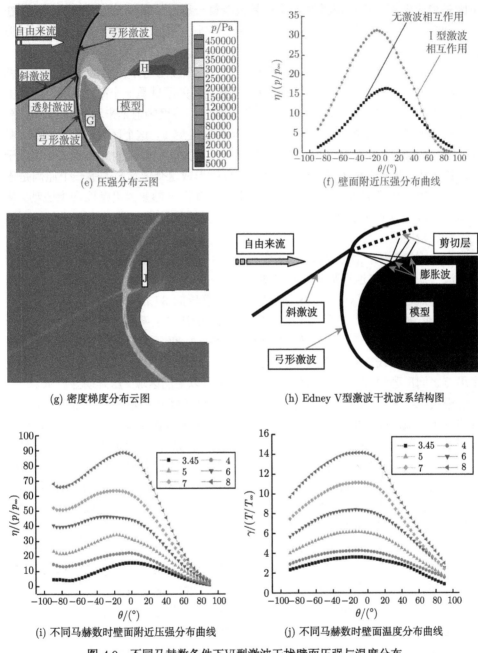

(e) 压强分布云图

(f) 壁面附近压强分布曲线

(g) 密度梯度分布云图

(h) Edney V型激波干扰波系结构图

(i) 不同马赫数时壁面附近压强分布曲线

(j) 不同马赫数时壁面温度分布曲线

图 4.9　不同马赫数条件下VI型激波干扰壁面压强与温度分布

原因是形成的第二道弓形激波来流马赫数较第一道弓形激波来流马赫数低。而在 $0° \sim 90°$ 区域，唇口壁面附近马赫数大幅度升高，正是 C 区域形成了膨胀区域的缘故。

从Ⅵ激波干扰的温度分布云图可以看出，斜激波与弓形激波的作用对唇口表面温度分布影响较小，第二道弓形激波与驻点之间的区域是一个高温区域 D，在第一道弓形激波与剪切层之间有一个次高温区域 E。温度峰值是来流静温的 3.6 倍。值得一提的是，沿着壁面向上的来流形成了膨胀区域 F，这个区域的温度很低，甚至低于来流静温，从数值上看，F 区域的最低温度为来流静温的 0.25 倍，相比较于 Ⅴ激波干扰，这个低温区域明显向后移了，同时形成这个低温区的另一个原因是透射激波与第二道弓形激波形成的剪切层阻碍了 D 区域的热流沿壁面向上流动。从唇口壁面温度分布曲线来看，在 $-90° \sim 0°$ 温度升高比较明显，而在 $0° \sim 90°$ 温度下降比较明显。

在Ⅵ型激波干扰的压强分布云图中，斜激波与弓形激波相互作用形成较短透射激波，显然，第二道弓形激波厚度更小。存在两个特殊区域，一个是第二道弓形激波与驻点之间的高压区 G，压强峰值是来流静压的 30 倍；另一个区域位于唇口上部，膨胀波在这个区域形成低压区 H，低压区的压强值甚至低于来流静压，最低处为来流静压的 0.3 倍，相对于 Ⅴ型激波干扰来说，低压区明显向后移了。从壁面附近压强分布曲线来看，相对于无激波干扰的压强分布曲线，在 $-90°$ 到激波干扰作用点之间压强均有升高，而在激波干扰作用点以上的区域，压强明显降低。

根据 Edney 划分的六类激波干扰，Ⅳ型激波干扰作用形成后，形成一道剪切层和膨胀区域。从密度梯度云图可以看出，弓形激波与斜激波相互作用，形成一道剪切层与透射激波，透射激波较短而且不明显，剪切层斜向上延伸。密度梯度最大区域在唇口驻点附近第二道弓形激波区域，剪切层一直延伸到唇口壁面，在唇口壁面 J 区存在一定的密度梯度。膨胀区域的密度梯度存在比较明显，但是不能由此判断该膨胀区域的存在。从前面温度、压强以及马赫数分布云图可以看出，Ⅳ型激波干扰的膨胀区域是很明显的。

如图 4.9 中不同马赫数时壁面附近压强和温度分布曲线，可以看出，同类激波干扰的壁面压强与温度分布趋势相同，但明显随着马赫数增大，壁面压强与温度明显增大。从壁面压强分布曲线上看，在 $-90° \sim 0°$ 的压强值差距较大，在 $0°$ 附近的压强值差距最大，在马赫数为 8 条件下 $0°$ 处的压强值是马赫数为 4 相同点压强值的 9 倍，在 $90°$ 附近的压强值变化较小。从壁面温度分布曲线上看，在 $-90° \sim 0°$ 的温度值差距较大，在 $0°$ 附近的温度值差距最大，在马赫数为 8 条件下 $0°$ 处的温度值是马赫数为 4 相同点压强值的 5 倍，在 $90°$ 附近的压强值变化较小。

4.2 沉积单脉冲激光能量控制IV型激波干扰

4.2.1 流场演化过程

能量沉积方式与控制弓形激波时的情形相同，在上游距钝头体前缘 25mm 处注入 100mJ 的单脉冲能量，假定能量沉积区域为 1mm²。能量注入后典型时刻钝头体表面的压力和热流分布如图 4.10 所示，结合图 4.11 与图 4.12 中所示的流场压力和温度分布演化过程，可分析单脉冲激光能量控制IV型激波干扰的作用过程和降低钝头体表面压力和温度的机制。$t=10\mu s$ 之前是激光引致的点爆炸波随自由流向钝头体表面的传播过程，同时点爆炸波阵面由中心向外扩张，钝头体表面流场参数尚未受影响；$t=10\mu s$ 至 $t=20\mu s$ 之间，点爆炸波与斜激波和弓形激波相互作用产生透射激波，当 $t=20\mu s$ 时，透射激波传播至钝头体表面，钝头体表面压力和温度随之升高，峰值压力和热流分别达到 1.1×10^6Pa 和 617W/cm²，是初始值的 1.7 倍和 1.2 倍。该过程中弓形激波因波后气体能量分布改变而发生畸变，脱体距离增大，IV型激波相互作用的波系结构完全被破坏。$t=20\mu s$ 之后，透射激波向下游传播，钝头体表面形成膨胀波并逐渐扩大影响范围，$t=33\mu s$ 时透射激波已完全传播到钝头体下游，钝头体表面整体获得了低温低压，峰值压力和热流分别达到 3.0×10^5Pa 和 378 W/cm²，是初始值的 0.46 倍和 0.75 倍，达到了被保护的目的。$t=41\mu s$ 代表激光能量沉积对流场的影响逐渐消失，斜激波与弓形激波重新相互作用形成透射激波，流场向初始状态恢复。

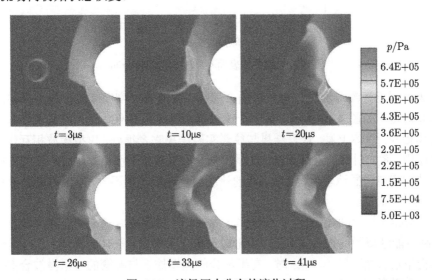

图 4.10 流场压力分布的演化过程

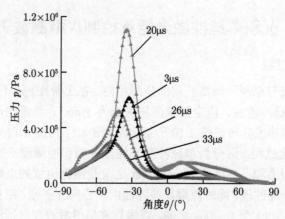

图 4.11　钝头体表面不同时刻的压力分布

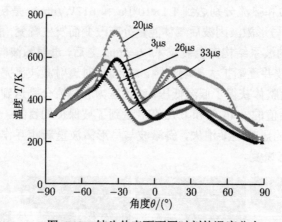

图 4.12　钝头体表面不同时刻的温度分布

　　为说明上述流场演化过程分析的合理性,将流场密度梯度的计算结果与纹影实验相对比,如图 4.13 所示,其中计算和实验的来流条件、激光能量大小和沉积位置均相同。总体上看,计算结果与纹影实验结果吻合很好,Ⅳ型激波相互作用的波系结构、激光引致的点爆炸波、点爆炸波与Ⅳ型激波干扰相互作用产生的透射激波等结构都能明显地呈现,而且二者的流场演化速度差别不大,不同时刻的流场结构都能一一对应。

　　$t=20\mu s$ 时,弓形激波位于点爆炸波内部,弓形激波后气流动能和内能重新分布,高内能区域脱离钝头体表面,弓形激波向上游畸变,脱体距离增大。点爆炸波继续向下游传播,当 $t=33\mu s$ 时,左半部分的点爆炸波与畸变的弓形激波合并,形成一个简单的弓形激波结构,此后流场逐渐向初始状态恢复,由于高温气团的到达,该过程中流场产生了热湍流,如 $t=41\mu s$ 时的状态所示。

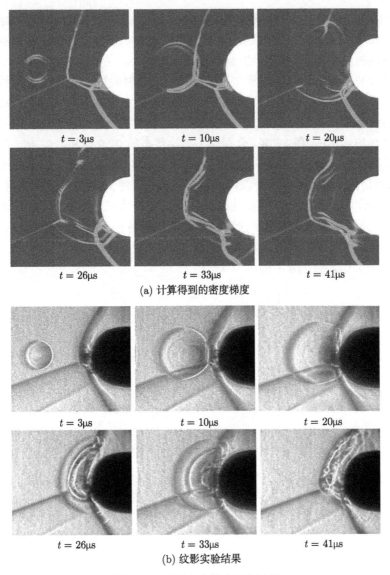

$t = 3\mu s$ $t = 10\mu s$ $t = 20\mu s$

$t = 26\mu s$ $t = 33\mu s$ $t = 41\mu s$

(a) 计算得到的密度梯度

$t = 3\mu s$ $t = 10\mu s$ $t = 20\mu s$

$t = 26\mu s$ $t = 33\mu s$ $t = 41\mu s$

(b) 纹影实验结果

图 4.13 流场密度梯度演化过程

4.2.2 激光能量对驻点压力和温度的影响

单脉冲激光能量注入对钝头体表面压力和温度分布的影响曲线如图 4.14 和图 4.15 所示，结合计算结果和纹影照片，分 3 个过程进行分析：① $t=0\mu s$ 至 $t=33\mu s$，透射激波的形成和传播过程。在约 20μs 时，激光引致的点爆炸波与弓形激波发生相互作用形成透射激波，并迅速到达钝头体表面，压力和温度随之达到峰值，分别

为 1.11×10^6Pa 和 721K，约为初始值的 1.8 倍和 1.2 倍。之后随着透射激波反射、膨胀波形成而迅速降低，在约 33μs 时压力降至 2.99×10^5Pa，温度降至 518K，分别约为初始值的 0.49 和 0.88 倍。② $t=33$μs 至 $t=120$μs，左半部分点爆炸波、反射激波和弓形激波的追赶和合并过程中，第二次形成透射激波，$t=63$μs 时透射激波到达钝头体表面时带来第二个压力和温度峰值，分别为 4.66×10^5Pa 和 599K，分别约为初始状态的 0.76 倍和 1.01 倍。之后透射激波反射，在 $t=120$μs 时压力和温度分别降至 2.39×10^5Pa 和 578K，分别约为初始状态的 0.39 倍和 0.98 倍。在该阶段及其之后的相当长一段时间内，钝头体表面压力整体处于较低值，温度变化幅度较大，其原因是激光引致的点爆炸波内的高温气团到达钝头体位置，原先激波结构被破坏，引起压力降低。③ $t=120$μs 以后，流场向初始状态恢复过程，并伴随着热湍流。该过程压力维持在较低值，没有明显的峰值或谷值，可见激波作用已经结束。温度在热湍流作用下波动幅度较大，在 $t=160$μs 时引起钝头体表面的第三个温度峰值 624K，为初始值的 1.1 倍。

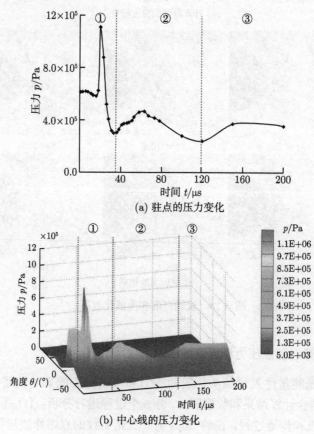

(a) 驻点的压力变化

(b) 中心线的压力变化

图 4.14　钝头体表面压力变化曲线

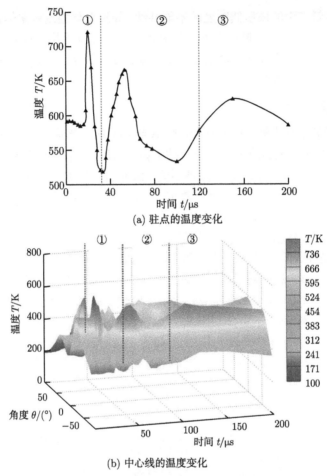

(a) 驻点的温度变化

(b) 中心线的温度变化

图 4.15 钝头体表面温度变化曲线

　　虽然压力和温度在 $t=23\mu s$ 之后维持了较长时间的低值,但该图反映的是钝头体表面 0° 附近的状况,从图 4.13 中 $t=26\mu s$ 的压力分布可以看出,0° 附近的压力虽然降低了,但超声速射流仍然存在,只是其位置移向下游,并未脱离钝头体。观察整个流场演化过程,低压低温区域真正脱离钝头体的时间只有 $5\mu s$ 左右,而且引起了钝头体表面压力和温度分布的振荡,因此,考虑采用高重频激光能量注入的方式,在钝头体上游形成稳定的波系结构。

4.3 沉积高频率激光能量控制IV型激波干扰

　　由前文对单脉冲激光能量主动控制IV型激波相互作用过程和效果的分析可知,

单脉冲激光能量产生的低压低密度区不能持续, 导致总体控制效果偏低, 因此本章考虑采用高重频的激光能量注入方式控制Ⅳ型激波相互作用, 研究激光能量注入大小和注入位置对钝头体表面峰值压力的影响。网格划分、边界定义和初边值条件与单脉冲能量注入时相同。

4.3.1　流场演化过程

在Ⅳ型激波干扰上游 $D=2$ 处注入频率为 150kHz, 单脉冲能量为 5mJ 的高重频激光, 流场演化过程如图 4.16 所示, 钝头体表面压力、温度分布和波阻变化如图 4.17 所示。$t=40\mu s$ 时已注入 5 个脉冲激光, 激光引致的点爆炸波合并形成准静态的激波串结构, 即激光空气锥。此后激光空气锥与弓形激波发生相互作用, 弓形激波发生畸变, 脱体距离增大。激光空气锥与斜激波相互作用形成透射激波, 透射波与弓形激波相互作用, 在 $-45°$ 附近形成了相对高的压力区域。$t=80\mu s$ 时钝头体表面附近形成膨胀波, 压力和阻力显著下降。随着脉冲激光的持续注入和准静态波向下游传播, 弓形激波的被影响区域逐渐扩大, $t=300\mu s$ 时流场已经基本稳定, 此时峰值压力已由 $6.2\times10^5 Pa$ 降至 $3.7\times10^5 Pa$, 波阻由 40N 降至 27N, 峰值热流由 $507W/cm^2$ 降至 $390W/cm^2$, 分别降低了 40%、33% 和 23%, 弓形激波的脱体距离由 10mm 增大至 23mm。$300\mu s$ 内注入了 45 个激光脉冲, 总能量为 225mJ, 不仅有效降低了钝头体表面压力和波阻, 而且获得了相对稳定的流场结构, 显然是一种值得研究的控制方式。

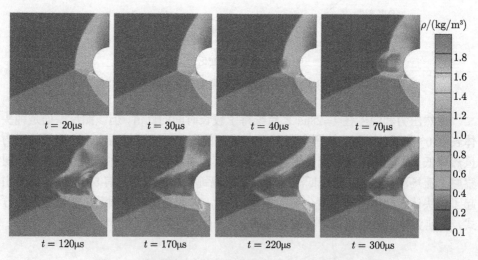

图 4.16　高重频激光控制Ⅳ型激波干扰的流场演化过程

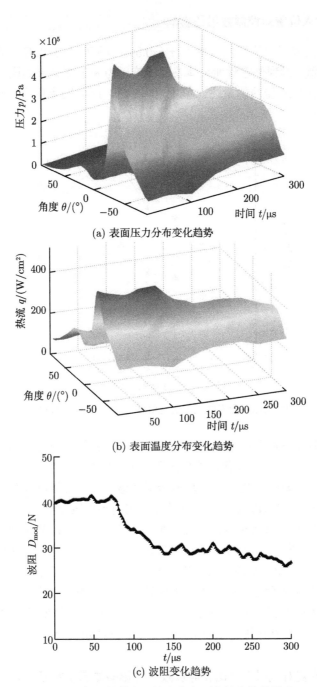

(a) 表面压力分布变化趋势

(b) 表面温度分布变化趋势

(c) 波阻变化趋势

图 4.17 高重频激光对钝头体表面流场参数的影响

4.3.2　能量注入位置对控制效果的影响

在钝头体上游不同位置注入脉宽 $\tau =0.5\mu s$、频率 $f=150\text{kHz}$、单脉冲能量为 5mJ 的激光能量，得到位置对钝头体表面峰值压力和热流结果如图 4.18 所示。在上述条件下，存在最佳的能量注入位置 $D=2.25$，此时驻点压力和热流分别降低 52.6% 和 30.7%。

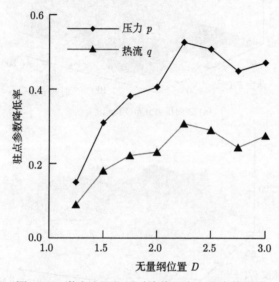

图 4.18　激光注入位置对峰值压力和热流的影响

取几个典型能量注入位置下的流场压力分布，分析峰值压力和热流降低的原因，如图 4.19 所示。$D=1.25$ 代表能量注入位置比较靠近钝头体，高重频激光能量形成的准静态波与斜激波相互作用形成透射激波，透射激波继续与下游的弓形激波相互作用，产生透射激波射向钝头体表面，在钝头体表面形成了高压区，导致控制效果欠佳；$D=2.25$ 代表最佳能量注入位置，弓形激波在准静态波的影响下向上游畸变，脱体距离增大，斜激波先后与准静态波和弓形激波相互作用形成两道透射激波，透射激波与下游弓形激波相互作用强度较弱，显著降低了钝头体表面峰值压力；$D=3$ 代表激光能量注入位置距钝头体较远，高重频激光能量沉积虽然形成了准静态波，但由于准静态波传播距离较远，导致其达到弓形激波位置时强度较弱，从而与弓形激波的相互作用强度较弱，弓形激波脱离距离小于 $D=2.25$ 时的情形，控制效果降低。

能量注入位置对减阻百分比和能量效率的影响如图 4.20 所示，当 $D < 2.5$ 时，减阻百分比和能量效率随着 D 的增大而升高，其原因是准静态波与弓形激波的相互作用范围增大，波阻逐渐降低。当 $2.5 < D < 3.0$ 时，波阻值变化不大，减阻百分

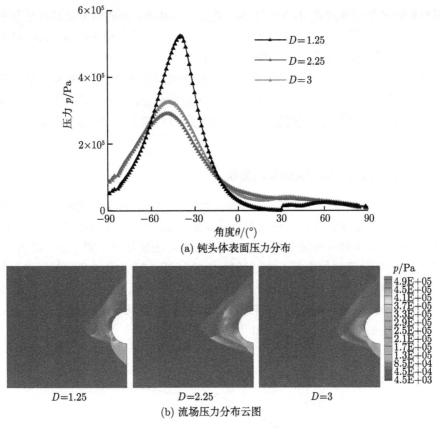

(a) 钝头体表面压力分布

(b) 流场压力分布云图

图 4.19 三种能量注入位置的对比

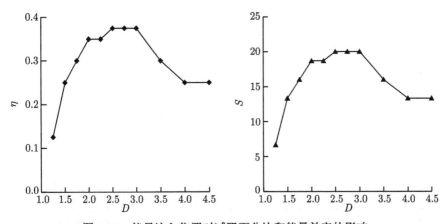

图 4.20 能量注入位置对减阻百分比和能量效率的影响

比和能量效率分别维持在 37.5% 和 20。当 $D > 3.0$ 时，减阻百分比和能量效率随着 D 的增大而降低，其原因是准静态波在与弓形激波发生相互作用之前传播距离过远，导致准静态波强度变弱，减阻能力降低。

通过以上分析可知，在特定的来流状态和激光能量条件下，存在最佳的能量注入位置，能够充分利用能量的重新分布有效改变弓形激波特性，从而改变弓形激波与斜激波的相互作用特性，使钝头体表面峰值压力和热流降至最低，波阻也有显著降低。

4.3.3   能量注入大小对控制效果的影响

在 $D=2.5$ 的位置注入脉宽 $\tau =0.5\mu s$、频率 $f=150kHz$ 的激光能量，激光能量大小对钝头体表面峰值压力和热流的影响如图 4.21 所示。随着能量的提高，钝头体表面驻点压力和热流峰值的降低率提高，且提高幅度趋于平缓，当 ε 达到 0.738 时，峰值压力和热流分别降低了 66.5% 和 45.7%。图 4.22 为几种典型能量注入大小对钝头体表面压力分布的对比，激光能量的注入大幅降低了钝头体表面压力，且改变了峰值压力的位置，无能量注入时压力越高的区域降低幅度越明显，当 $\varepsilon=0.738$ 时，峰值压力由 6.5×10^5Pa 降至 3.0×10^5Pa。

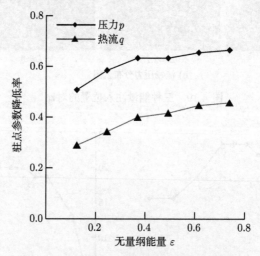

图 4.21   能量注入大小对峰值压力的影响

取三种典型能量注入大小下的流场压力分布图，分析能量升高对流场的影响，如图 4.23 所示。随着激光能量的提高，激光引致的点爆炸波强度和传播速度升高，多个点爆炸波合并形成的准静态波的影响区域逐渐变大，弓形激波的变形程度更加显著，脱体距离增大，钝头体表面压力降低，当 $\varepsilon=0.738$ 时甚至已观察不到明显的弓形激波结构。

能量大小与波阻的关系如图 4.24 所示，能量注入对波阻有显著的降低效果，随着能量的提高可使波阻由 40N 降至 20N。当 $\varepsilon > 0.6$ 时，波阻随着能量的提高没有明显变化，维持在 20N 左右，说明此时高重频激光的减阻能力已达到极限。

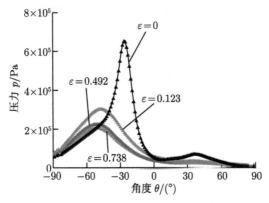

图 4.22　能量注入大小对压力分布影响对比

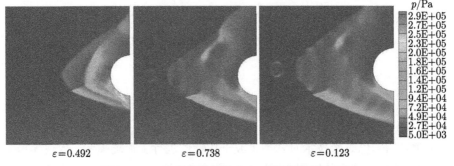

$\varepsilon=0.492$　　　$\varepsilon=0.738$　　　$\varepsilon=0.123$

图 4.23　三种无量纲能量大小对流场影响的对比

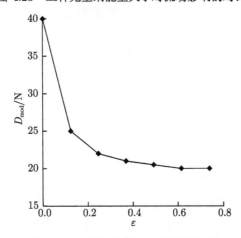

图 4.24　无量纲能量大小与波阻关系

　　激光能量大小对减阻百分比和能量效率的影响如图 4.25 所示，减阻百分比随着能量的提高升至 0.5，之后升高趋势变缓；能量效率则随着能量的提高急剧下降，由 20 降至 4。因此，综合峰值压力、热流、减阻百分比和减阻能量效率等多个因素分析可知，无量纲的激光能量因子 ε 限制在 0.6 以下为宜。

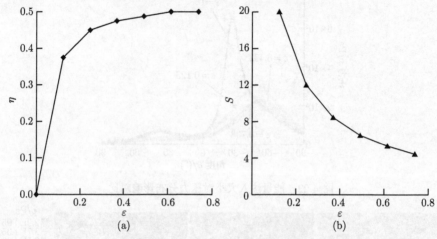

图 4.25　激光能量大小对减阻百分比和能量效率的影响

4.4　小　　结

　　本章采用彩色纹影技术对六类激波干扰特性进行了流场显示，数值模拟了Ⅳ型激波干扰特性，结合纹影照片阐明了Ⅳ型激波干扰对钝头体产生破坏的原因。实验研究了单脉冲激光能量对Ⅳ型激波干扰的控制过程，并与计算结果进行了对比，揭示了激光能量控制Ⅳ型激波干扰的机理，在此基础上采用高重频激光形成的准静态波控制流场，数值研究了不同能量注入位置和大小对控制效果的影响，优化了控制参数。主要结论如下。

　　(1) 单脉冲激光能量控制Ⅳ型激波干扰的计算结果与纹影实验结果吻合很好，Ⅳ型激波相互作用的波系结构、激光引致的点爆炸波、点爆炸波与Ⅳ型激波干扰相互作用产生的透射激波等结构都有明显的呈现，而且二者的流场演化速度差别不大。

　　(2) 位于点爆炸波内部的弓形激波因内能和动能重新分布向上游畸变，脱体距离增大，透射激波反射或向下游传播之后钝头体表面形成低压低密度区域，峰值压力、热流和波阻随之降低，这是激光控制Ⅳ型激波干扰的机理。

　　(3) 高重频的激光沉积方式可以利用相对较少的激光能量形成比较稳定的准静

态波结构，从而可利用能量的重新分布将高能区脱离钝头体表面，使钝头体表面峰值压力、热流和波阻稳定在较低水平，体现了高重频激光沉积方式的优越性。

(4) 在特定的来流条件和激光能量大小下，存在最佳的能量注入位置，使准静态波既可扩大与弓形激波的相互作用范围，又不因传播距离过远而强度太弱。在最佳能量注入位置提高激光能量，可提高峰值压力、热流和波阻降低率，当激光能量提高至一定值时，峰值压力、热流和波阻趋于稳定。能量效率随能量提高而降低，与峰值压力、热流和波阻的控制效果存在制约关系。

(5) 在马赫数为 5 的来流中，无量纲激光能量因子 $\varepsilon=0.123$ 时的位置优化结果为 $D=2.25$，此时驻点压力、热流和波阻分别降低 52.6%、30.7% 和 35%，能量效率达到 18.7。$D=2.25$ 时，ε 限制在 0.6 以下为宜，驻点压力、热流和波阻可分别降低 65.5%、44.7% 和 50%，能量效率达到 5.3。

第5章　激光能量形成的虚拟唇口

在吸气式冲压发动机中，进气道的作用是利用激波高效压缩空气来流为燃烧室提供稳定均质的气流。超燃冲压发动机进气道的最佳几何构型是"激波在唇口上"(SOL)，即压缩波汇集在唇口上，反射波入射于进气道肩部，在保证来流捕获量的同时尽可能避免激波干扰现象。激波角由马赫数和气流折转角决定，因此在飞行马赫数高于或低于设计马赫数时，均不能形成 SOL 情形。在马赫数低于设计值时，激波角大于设计值，压缩波脱离唇口，发生溢流，导致空气捕获低于设计值。为避免在偏离设计马赫数下的性能损失，可以采用几何构型可变的进气道，但是改变几何构型的机械系统将比较重，给系统结构和可靠性也带来挑战。

受第 3 章和第 4 章激光"空气锥"研究内容的启发，如果在超燃冲压发动机进气道唇口上游施加激光能量，形成比较稳定的激光等离子体区域，利用该区域与斜激波的相互作用，除了能够降低唇口驻点压力和热流、减小波阻，还可以降低当来流马赫数低于设计马赫数时发生的溢流，提高进气捕获量，扩展进气道性能，即所谓的"虚拟唇口"。

本章在对激光能量控制超燃冲压发动机唇口波系结构研究的基础上，利用高重频激光能量注入唇口上游，研究虚拟唇口提高进气捕获的作用机理，并结合总压恢复系数和绝热动能恢复系数，寻求激光能量注入参数的优化。

5.1　进气道模型和参数定义

5.1.1　进气道模型及尺寸

常规进气道构型主要分为二维进气道、三维侧压式进气道和轴对称进气道，轴对称进气道多用于头部进气的加速型轴对称飞行器，二维进气道和三维侧压式进气道多用于腹部进气的巡航型升力体飞行器。进气道常通过前体多级楔面产生的斜缩激波对来流进行预压缩，再通过唇口前缘激波进行内压缩。在设计状态时外压缩斜激波系交于唇口前缘，进气道迎风面积的来流完全被压入进气道。二维压缩进气道又称为二元进气道，特指气体流经进气道时，仅在轴向受到压缩，侧向无压缩的进气道。二维压缩的进气道，压缩型面比较简单，波系结构也不是很复杂，流场的主要流动特性为附面层沿前体的发展和激波/附面层干扰。二元进气道与轴对称进气道相比，有较好的攻角特性，在正攻角时，随着攻角的增大，总压恢复系数和来流捕获率可能增大；与三维混压式进气道相比，二维压缩进气道的流场结构要简单得多，容易理解和掌握。目前，许多超燃冲压发动机方案采用二元进气道，飞行试验获得成功的美国 X-43A 演示验证飞行器，也采用了二维压缩进气道，如图5.1 所示。

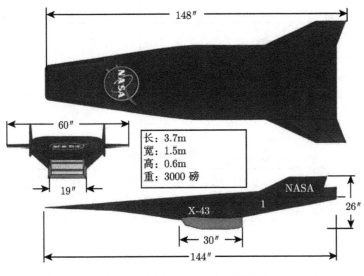

图 5.1 美国 X-43A 飞行器外型

1 磅 =0.453592 千克

高超声速进气道的压缩通道大多采用外压缩同内压缩相结合的混压式设计，这是因为高超声速推进系统要求机体和超燃发动机进行一体化设计，进气道要尽量利用前体下表面对来流进行压缩，前体下表面的压缩归入进气道的外压缩段。进气道内压缩段入口是超声速流动，即使进气道内部不存在几何收缩，采用等直段设计，由附面层发展导致的主流区流动通道减小，等直段中同样存在内部压缩；另一方面混压式的迎风阻力比外压式小，完成同样压缩所需的结构长度也比纯外压的进气道短，因此大多数二元进气道设计中采用内外混压式的设计方案。

利用激波角关系式设计马赫数为 6 的混压式二维进气道，其几何结构和尺寸参数分别如图 5.2 和表 5.1 所示，采用 GridgenV15 商用软件分区划分结构网格如图 5.3 所示，图 5.2 中 1 区为外压缩区，2 区为内压缩区，3 区为绕流区，4 区为隔离段，z 方向定义为周期边界，网格总数目为 40 万。来流静压为 4349Pa，静温为100K，计算时作为压力远场边界条件。本进气道外压缩段收缩比为 3.12，内压缩段收缩比为 2.32，总收缩比为 7.23。隔离段为一等截面直管道，高度为 13mm，长度为 93mm。

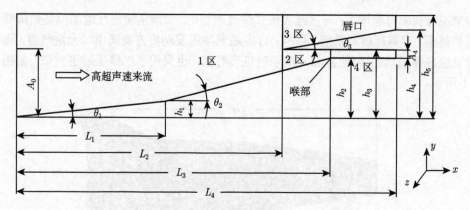

图 5.2　进气道构型

表 5.1　进气道模型的几何参数

L_1/mm	L_2/mm	L_3/mm	L_4/mm	h_1/mm	h_2/mm
212	375	442.36	535	22.28	81

h_3/mm	h_4/mm	h_5/mm	$\theta_1/(°)$	$\theta_2/(°)$	$\theta_3/(°)$
94	120	140	6	14.5	9

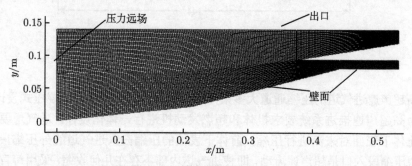

图 5.3　网格划分和边界定义

5.1.2　进气道性能定义

来流捕获率 K_m 定义为来流捕获量与通过迎风面 A_0 的空气流量之比:

$$K_m = \frac{\rho_4 v_4 A_4}{\rho_0 v_0 A_0} \tag{5-1}$$

总压恢复系数是表示气流压缩效率的重要参数,衡量着来流的做功能力。总压损失导致轴向动量减少,做功能力降低,不利于发动机的推进性能。通常,总压恢复系数减小 1%,可使发动机推力损失约 1.25%。尤其在超声速下,激波会引起很大的总压损失,严重影响了发动机性能。因此如何减少总压损失是超声速进气道设计的一个重要问题,总压恢复系数定义为进气道喉部平均总压与自由流总压之比,以

k_{pt} 表示：

$$k_{\mathrm{pt}} = p_{t4}/p_{t0} \tag{5-2}$$

其中，p_t 为总压，下标 0、4 分别代表自由流和进气道喉部截面参数。静压、静温和密度恢复系数分别定义为

$$k_p = p_4/p_0 \tag{5-3}$$

$$k_T = T_4/T_0 \tag{5-4}$$

$$k_\rho = \rho_4/\rho_0 \tag{5-5}$$

绝热动能效率是自由流经过进气道压缩的过程中由熵增引起的动能损失的度量参数。假设压缩过程没有与周围环境进行热交换，而且在自由流中静压保持恒定，认为空气来流是量热理想气体，绝热动能效率与总压恢复系数的关系为

$$\eta_{\mathrm{KE,ad}} = \frac{h_{t0} - h(p_0, s_3)}{h_{t0} - h_0} = 1 - \frac{2}{(\gamma-1)Ma_0^2}\left(\frac{p_{t0}}{p_{t4}}\right)^{\gamma - \frac{1}{\gamma}} \tag{5-6}$$

其中，Ma_0 为自由来流马赫数。

5.2 来流马赫数低于设计马赫数对进气道性能的影响

计算得到来流马赫数为设计马赫数 6 时的进气道马赫数和密度梯度分布如图 5.4 所示。由外压缩面产生的两道斜激波汇集在唇口并发生反射，反射波射向喉部，并在喉部发生了比较弱的反射，隔离段内形成了激波串结构。

按照图 5.2 和表 5.1 中的参数等比例缩小 0.26 倍加工实验模型，图 5.5 为在来流马赫数为 6 的激波风洞中得到的彩色纹影照片，曝光时间 1μs，由于边界层的影响，前体两道斜激波位置与计算结果稍有不同，但大体形成了 SOL 情形，内压缩段形成了稳定的激波串结构。

图 5.6 为流场压力和流线分布，来流经过两道前体斜激波和一道反射激波的压缩，几乎全部进入内压缩段和隔离段，计算得到来流捕获量为 $1.7 \times 10^4 \mathrm{kg/(m \cdot s)}$，捕获率 K_m 达到 99.8%。当 $Ma_0 < 6$ 时，外压缩段的两道斜激波角度偏大，脱离了唇口，导致溢流的发生，图 5.7 以 $Ma_0=5$ 和 $Ma_0=4$ 时的流场压力分布和流线图为例说明了该情况。马赫数越低，激波角就越大，溢流就越显著。同时，低的马赫数使隔离段内的激波串结构增强，导致气流均匀性降低，与激波密切相关的总压损失必然升高，不利于发动机性能。

在静压、静温相同的情况下，计算得到不同来流马赫数下的进气道性能参数如表 5.2 所示，性能参数随马赫数的变化规律曲线如图 5.8 所示。总体上看，来流捕获率 K_m，静压、静温和密度恢复系数，以及隔离段马赫数 Ma_4 都随马赫数降低而降低，虽然总压恢复系数 k_{pt} 和与之相关的绝热动能效率 $\eta_{\mathrm{KE,ad}}$ 有所上升，但

隔离段总压的绝对值是急剧降低的，由 $4.5 \times 10^6 \text{Pa}$ 降至 $1.5 \times 10^5 \text{Pa}$，不利于发动机的做功性能，如图 5.8(d) 所示。

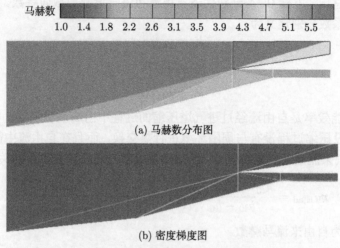

(a) 马赫数分布图

(b) 密度梯度图

图 5.4　设计马赫数时的流场结构

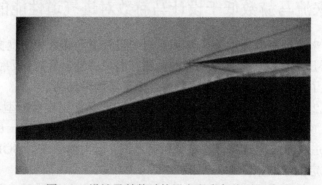

图 5.5　设计马赫数时的黑白和彩色纹影照片

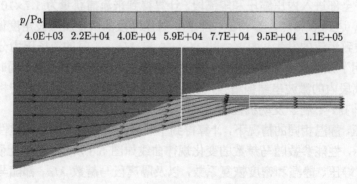

图 5.6　设计马赫数时的压力和流线分布

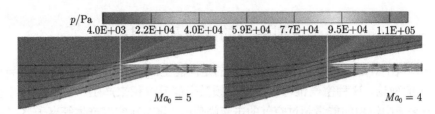

图 5.7 来流马赫数低于设计值时的流场压力和流线分布

表 5.2 不同来流马赫数下的进气道性能参数

Ma_0	K_m	k_{pt}	k_p	k_T	k_ρ	$\eta_{KE,ad}$	Ma_4
6	0.998	0.661	22.9	2.76	8.31	0.816	3.14
5.5	0.931	0.701	21.6	2.65	7.99	0.789	2.89
5	0.850	0.737	19.7	2.53	7.55	0.753	2.64
4.5	0.773	0.771	18.1	2.43	7.19	0.705	2.34
4	0.699	0.799	16.9	2.36	6.96	0.636	1.98
3.5	0.631	0.810	18.8	2.44	7.58	0.528	1.43
3	0.525	0.956	16.0	2.30	6.87	0.427	1.14

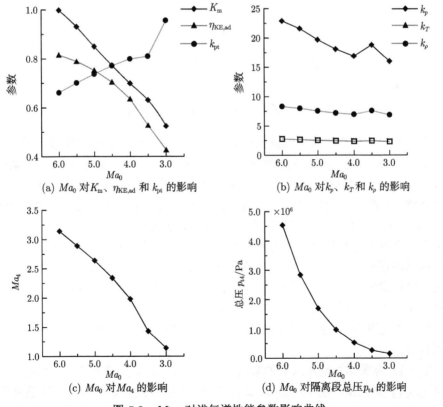

(a) Ma_0 对 K_m、$\eta_{KE,ad}$ 和 k_{pt} 的影响

(b) Ma_0 对 k_p、k_T 和 k_ρ 的影响

(c) Ma_0 对 Ma_4 的影响

(d) Ma_0 对隔离段总压 p_{t4} 的影响

图 5.8 Ma_0 对进气道性能参数影响曲线

5.3　虚拟唇口的形成和作用机制

1978 年, Myrabo 提出了定向能支持的定向能空气锥 (directed-energy air-spike, DEAS) 的理论, 这种空气锥可以通过高频激光能量沉积来产生。当激光在高超声速空气来流中沉积的能量超过空气的击穿阈值时, 将击穿空气产生等离子体, 等离子体区域的温度迅速升高, 并且以超过本地声速的速度膨胀, 产生激波, 如图 5.9 所示。在等离子体区域上游形成的激波类似弓形激波, 在下游轴向两侧产生的则类似斜激波。定向能空气锥控制流场的机理是通过激波和高温区域与流场中的激波相互作用, 从而改变流动的。

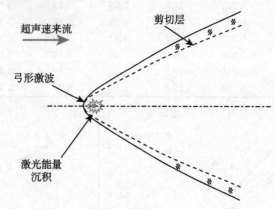

图 5.9　激光能量沉积产生空气锥示意图

为研究虚拟唇口提高进气捕获的作用机制, 在 $Ma_0=5$ 的来流条件下, 在唇口上游 45mm 处注入高重频脉冲激光, 激光频率 100kHz, 脉宽 0.5µs, 能量沉积区域半径 1mm, 单脉冲激光能量 100mJ。激光频率乘以单脉冲激光能量得到激光平均功率 10kW, 假定激光能量完全被吸收, 则激光能量沉积区的平均功率密度为 $1.27×10^6 \text{W/cm}^2$。激光能量注入之后的流场演化过程如图 5.10 所示, $t=10$µs 时注入了第一个脉冲激光能量, 在能量注入点形成近似圆形的爆炸波; $t=20$µs 时爆炸波对流场的影响范围已经扩大, 并随自由流向下游传播; $t=40$µs 至 $t=170$µs 为爆炸波串的传播过程。利用能量沉积区域高温、低压、低密度的特点产生一道相当于前体斜激波入射于固体唇口之后的反射激波, 压缩来流并使之偏折进入内压缩段, 进而提高进气道的气流捕获量。能量沉积区起到了固体唇口的作用, 因此也被称为虚拟唇口。

图 5.11 为激光能量注入后的来流捕获率 K_m、总压恢复系数 k_{pt} 和绝热动能效率 $\eta_{KE,ad}$ 变化图, 在 $t=200$µs, 即注入 20 个脉冲能量之后进气道性能参数趋于稳定, $K_m=0.944$, $k_{pt}=0.785$, $\eta_{KE,ad}=0.764$, 分别比未施加虚拟唇口时提高了

9.4%、4.8%和1.1%。

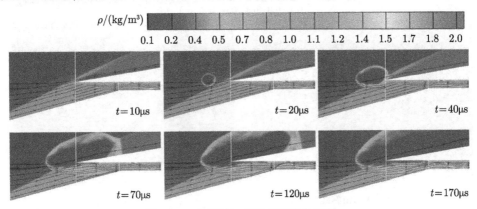

图 5.10 虚拟唇口的形成和演化过程

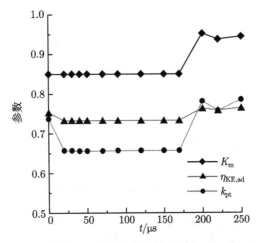

图 5.11 来流捕获率、总压恢复系数和绝热动能效率变化图

图 5.12 为施加虚拟唇口与不施加时的流线和密度分布对比图。高重频激光能量注入形成了高温高压低密度的空气锥,并与前体斜激波相互作用,形成一道由虚拟唇口射向内压缩段的压缩波,压缩来流并改变来流方向使之进入内压缩段,其作用相当于固体唇口产生的反射激波。原本有可能溢出的来流被虚拟唇口压缩并改变方向进入内压缩段,是虚拟唇口提高来流捕获率、总压恢复系数和绝热动能效率的机制。施加虚拟唇口之后虽然仍有溢出现象,但溢出部分为低密度流,对来流捕获量影响不大。施加虚拟唇口之后总压恢复系数可能高于设计马赫数时的情形,这说明虚拟唇口改变来流方向的同时,还可能对来流做功。

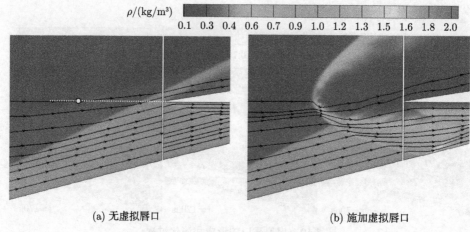

$\rho/(\mathrm{kg/m^3})$
0.1 0.3 0.4 0.6 0.7 0.9 1.0 1.2 1.3 1.5 1.6 1.8 2.0

(a) 无虚拟唇口   (b) 施加虚拟唇口

图 5.12   虚拟唇口对流场的作用图

激光等离子体参数包括激光功率，等离子体区域体积，激光能量注入位置等。改变其中的参数，在来流马赫数小于设计值的非设计工况下，研究激光功率、能量沉积区域体积以及注入位置对进气道来流捕获量的影响，找出增大进气道来流捕获量最优的激光等离子体参数。

5.4   连续激光能量注入形成的虚拟唇口

5.4.1   等离子体区域体积一定时不同激光功率对控制效果的影响

在影响来流捕获量控制效果的众多激光等离子体参数中，激光功率是重要的影响因素，在实际应用中也是最需要优化的参数，用尽量小的功率获得最优的控制效果是研究的目标，因此，首先研究激光功率对来流捕获量控制效果的影响。

1. 计算条件

计算使用的进气道模型与 5.1 节中的模型相同，设计马赫数为 6，来流马赫数为 5，低于设计值，进气道出现溢流现象；激光等离子体区域在 (x, y) 平面内为一个圆形区域，圆心位置为 $x=287\mathrm{mm}$，$y=87.633\mathrm{mm}$，等离子体区域体积用 (x, y) 截面的区域半径 r_{eff} 来表征，令 $r_{\mathrm{eff}}=5.078\mathrm{mm}$，由于采用的是 (x, y) 平面的周期对称模型，因此，等离子体区域实际上为一圆柱体；激光功率分别为 5kW、10kW、15kW、20kW、25kW、30kW、35kW、40kW，采用连续激光能量注入。

2. 计算结果

当没有激光能量注入时，来流马赫数低于设计值，因此，前体压缩激波结构不能形成 SOL 情形，如图 5.13 所示，激波偏离唇口，导致来流空气的压缩效率降低，来流捕获量减少，对稳定后的流场进行分析计算得到此时来流捕获率为 0.721，总压恢复系数为 0.49，压升比为 21.7，喉部平均马赫数为 2.03，在进气道的起动马赫数范围之内，进气道可以正常起动。

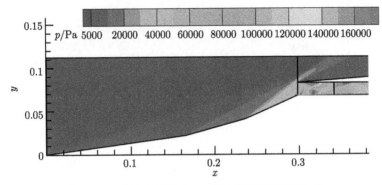

图 5.13 来流马赫数为 5 时进气道流场压强分布

注入激光功率不同的条件下，计算得到的进气道来流捕获率、总压恢复系数、压升比、喉部平均马赫数和综合性能参数如表 5.3 所示。

表 5.3 不同激光功率注入时进气道性能比较

P/kW	K_m	k_{pt}	k_p	Ma_{th}	P_s
5	0.728	0.491	21.83	2.02	0.1197
10	0.758	0.512	22.45	2.01	0.1243
15	0.844	0.503	24.98	1.99	0.1306
20	0.866	0.466	26.36	1.97	0.1299
25	0.862	0.435	26.99	1.90	0.1277
30	0.856	0.403	27.38	1.84	0.1249
35	0.849	0.393	27.00	1.819	0.1223
40	0.832	0.377	26.52	1.818	0.1201

不同注入激光功率的条件下，计算得到的进气道来流捕获率的变化曲线如图 5.14(a) 所示，从总体趋势来看，随着激光功率的增大，进气道来流捕获率增大，最大可达到 0.866，比没有激光能量注入时增长了 20.11%，功率超过 20kW 后，来流捕获率缓慢下降，趋于平稳。激光功率为 5kW 时，来流捕获率较无激光能量注入时增长不大，当功率由 10kW 到 20kW 增长时，来流捕获率迅速提高，并达到峰值，随后功率继续增大，来流捕获率趋于平稳并逐渐下降，但来流捕获率仍保持较

高的状态。

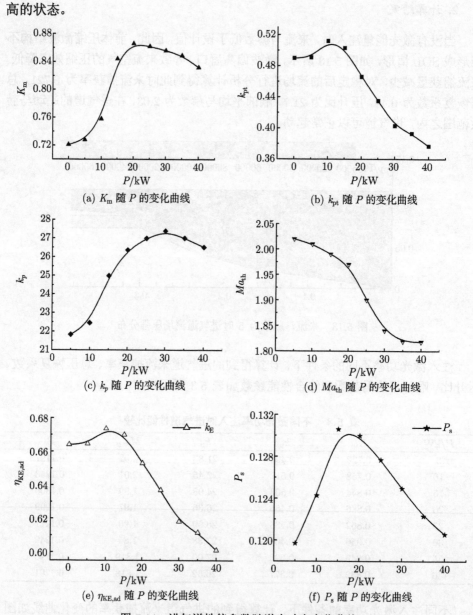

(a) K_m 随 P 的变化曲线

(b) k_{pt} 随 P 的变化曲线

(c) k_p 随 P 的变化曲线

(d) Ma_{th} 随 P 的变化曲线

(e) $\eta_{KE,ad}$ 随 P 的变化曲线

(f) P_s 随 P 的变化曲线

图 5.14　进气道性能参数随激光功率变化曲线

图 5.14(b) 显示了进气道总压恢复系数随激光功率增大的变化曲线，总压恢复系数由马赫数和静压决定。图 5.14(c) 和 (d) 分别显示了进气道压升比和喉部平均马赫数随激光功率增大的变化曲线，激光注入产生等离子体，在流场中形成激波，使得来流空气进一步压缩，结果就是进气道喉部静压较无激光能量注入时升高，且

随着激光功率增大，压升比也随之增大；又由于激光注入产生等离子体，形成高温低密度区，并在流场中膨胀，造成进气道喉部平均马赫数较无激光能量注入时降低，且随着激光功率增大呈下降趋势；注入激光功率为 5~15kW 时，带来的喉部静压的增长程度比平均马赫数的降低程度要高，因此总压恢复系数较无等离子体注入时提高，但功率从 10kW 开始继续增大，进气道喉部平均马赫数降低严重，因此总压恢复系数降低到比无激光能量注入时更低的状态。随着注入激光功率的增加，产生等离子体形成高温区使来流加热程度提高，更多的热流进入进气道，导致进气道动能效率降低，总压损失增大，进气道性能下降。图 5.14(e) 显示了绝热动能效率 $\eta_{kE,ad}$ 随 p 的变化曲线。

随着注入激光功率的增加，进气道的各项性能发生了不同趋势的变化，为了找到进气道性能最优化控制的激光功率值，需要综合考虑各个参数对进气道性能的影响，因此，通过归一化和加权平均的数据处理方法，对进气道来流捕获率、总压恢复系数、压升比和绝热动能效率等参数进行处理得到进气道综合性能 P_s，获得了 P_s 随激光功率增大的变化曲线，如图 5.14(f) 所示。根据 P_s 的变化曲线可知，激光功率在 15~20kW 内某值时，综合性能达到最高。综上分析可得，为了使进气道来流捕获量有较大的提升同时保证进气道综合性能的稳定，遵循消耗最少能量获得最大效果的选取原则，选择激光功率为 15kW 左右即达到最优化的效果，而并非激光功率越高越好。

如图 5.15 所示，为激光功率分别为 10kW、15kW、20kW、30kW、35kW、40kW 时的进气道唇口区及上游流场的密度梯度和流线以及压强和马赫数分布图。当有激光能量注入时，来流经过等离子体区域产生激波，在注入位置前端形成弓形激波，后方两侧形成斜激波，与前缘斜激波相交，类似于前缘斜激波遇到固体唇口发生反射的反射波。激光功率较小时，产生激波的激波角小，受到压缩的来流流量少，随着激光功率的增大，弓形激波半径增大，波振面向 x 轴负方向发展，后侧斜激波的激波角也增大，更多的来流发生偏转，功率继续增大，第二道和第三道斜激波与其相交并产生透射波，部分来流偏转后由于透射波的原因又偏离唇口，没有进入进气道，如图 5.15(d) 所示，因此，来流捕获率是一个先增大后减小的过程。图 5.15(d)~(f) 显示了，随着激光功率从 30kW 继续增大，基本达到饱和，产生的激波结构变化很小，来流捕获率的变化也很小，与图 5.15(a) 的变化趋势一致。

另外，由压强云图可知，等离子体形成高压区，并在流场中扩散，部分高压气流进入进气道，喉部静压得到提升，且随着激光功率的增大，高压气流对进气道喉部静压的影响随之增大，正如之前分析的数据显示，随着激光功率的增大，进气道压升比提高，在功率超过 30kW 继续增大时，静压升高能力达到饱和状态，压升比变化不大。由马赫数云图可知，激光注入产生的等离子体区域是高温低马赫数区，随着来流而扩散，导致喉部平均马赫数下降，且随着激光功率超过 15kW 继续增大，喉部低马

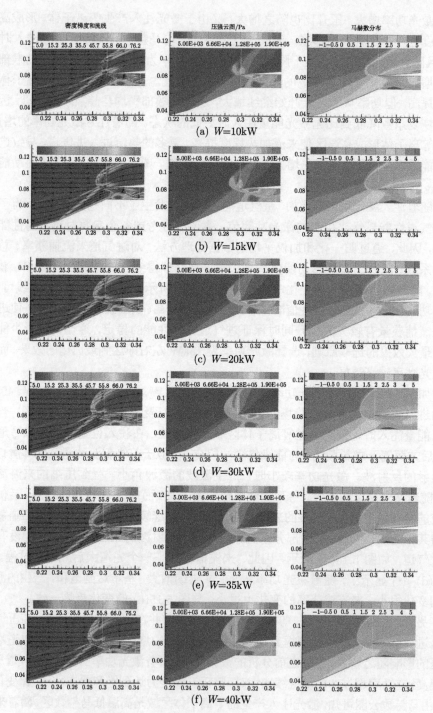

图 5.15   注入激光功率不同时进气道密度梯度和流线、压强云图和马赫数分布

赫数区迅速扩大,平均马赫数下降程度也随之增大,在功率超过 30kW 继续增大时,基本达到饱和状态,平均马赫数也趋于平稳,受压升比和喉部平均马赫数的影响,进气道总压恢复系数的变化趋势如图 5.15(b) 所示。

图 5.16 为唇口区上壁面温度和下壁面压强分布曲线,由温度分布曲线可以看出,注入激光功率为 5kW 时,较功率大小为 10~15kW 的时候,带来的唇口前缘温度提升更高,而激光功率高于 15kW 时,唇口前缘的温度升高较大,给唇口的材料设计带来相对更高的要求,从唇口区下壁面的压强分布曲线可知,唇口前缘的高压区为空气回流区,激光功率为 15kW 和 20kW 时,空气回流区向肩部方向移动,对进气道出口的气流影响减小,提高了进气道的性能。由以上的分析可知,功率为 15kW 左右时,进气道的综合性能为最优。因此,选择上文中所选择的激光功率最优化值不仅能使进气道的综合性能提高,同时还降低了进气道的设计要求,也证明了激光注入产生等离子体,形成虚拟唇口增大进气道来流捕获量方法的有效性和优越性。

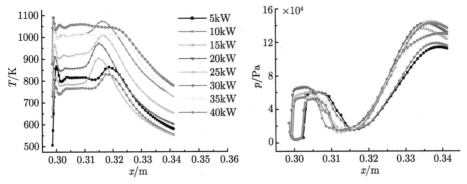

图 5.16 功率不同时,唇口区上壁面温度分布和下壁面压强分布

5.4.2 进气道来流捕获率控制效果与激光注入区域体积的关系

为了研究激光等离子体注入形成虚拟唇口增大进气道来流捕获量的效果与激光能量注入区域体积大小之间的关系,按照注入位置不变,在不同体积的区域中采用相同激光功率注入,观察进气道性能参数变化的方法来进行研究,得出相应的结论。

1. 计算条件

计算采用的进气道模型与 4.1.1 节中的模型相同,来流马赫数为 5,等离子体区域 (x, y) 截面的圆心位置不变,$x=287$mm,$y=87.633$mm,(x, y) 平面内圆形的半径 r_{eff} 分别取 2.539mm、5.078mm、7.617mm、10.156mm,按倍数增长,注入激光功率同样在 5~40kW 变化。注入方式为连续均匀能量注入。

2. 计算结果

在不同体积的区域中注入连续激光能量,不同激光功率条件下进气道来流捕获率的计算结果如表 5.4 所示。

表 5.4　不同体积注入激光功率不同情况下的进气道来流捕获率

r_{eff}	P								
	0	5kW	10kW	15kW	20kW	25kW	30kW	35kW	40kW
2.539mm	0.721	0.717	0.752	0.832	0.852	0.859	0.861	0.868	0.862
5.078mm	0.721	0.718	0.758	0.844	0.866	0.862	0.856	0.830	0.832
7.617mm	0.721	0.731	0.767	0.844	0.856	0.846	0.827	0.824	0.824
10.156mm	0.721	0.738	0.763	0.798	0.829	0.831	0.803	0.815	0.816

如图 5.17(a) 所示为进气道来流捕获率随等离子体区域体积增大的变化曲线,可以看出,在激光功率相同的情况下,功率为 5kW 和 10kW 时,改变等离子体区域的体积对进气道来流捕获率的影响不大,进气道来流捕获率最高增幅约为 6%,功率为 15~20kW 时,来流捕获率随等离子体区域体积增大而增大,在 $r_{eff}=5.078$ 左右时达到峰值,之后缓慢下降,最高增幅约为 20.6%,激光功率为 25~40kW 时,来流捕获率随等离子体区域体积增大而降低。

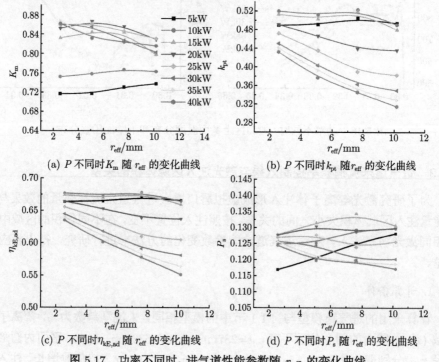

(a) P 不同时 K_m 随 r_{eff} 的变化曲线　　　(b) P 不同时 k_{pt} 随 r_{eff} 的变化曲线

(c) P 不同时 $\eta_{kE,ad}$ 随 r_{eff} 的变化曲线　　　(d) P 不同时 P_s 随 r_{eff} 的变化曲线

图 5.17　功率不同时,进气道性能参数随 r_{eff} 的变化曲线

(b)~(d) 图例同 (a)

可见，在激光功率不变的情况下，等离子体区域体积的改变对进气道来流捕获率的影响并不大，原因是等离子体注入产生激波的激波结构与激光功率的大小和来流条件关系较大，激光能量注入区域在较小范围内变化时，所产生的激波结构变化不大，来流的压缩效果也相近。在只考虑提高来流捕获率的情况下，由于是区域内能量均匀连续注入，因此等离子体区域体积的选择越小越节省能量，在 r_{eff}=2.059mm 时，功率越大来流捕获率提高程度越高，而在 r_{eff}=5.078mm 左右，激光功率为 20kW 左右时，进气道来流捕获率已能达到较高值，因此选择半径为 5.078mm 的激光能量注入区域最为合适。

虽然激光功率改变时，等离子体区域体积的变化对来流捕获率的影响不大，但功率的增大导致高温区的增大，更多的来流空气被加热而进入进气道，进气道性能下降。如图 5.17(b) 所示为进气道总压恢复系数随等离子体区域体积增大的变化曲线，由图可知，各种功率条件下的总体趋势都是随着等离子体区域体积的增大，总压恢复系数降低。而体积一定时，激光功率增大，导致进气道总压恢复系数降低，在区域半径为 2.539mm 和 7.617mm 时，总压恢复系数随激光功率增大的变化趋势与 r_{eff}=5.078mm 时相同，而当区域半径为 10.156mm 时，总压恢复系数随 P 增大而单调降低，是由于注入区域体积较大，激光等离子体的产生形成的高温低马赫数区范围也扩大，造成进气道喉部平均马赫数降低严重。只考虑总压恢复系数的情况下，激光功率和注入区域越小越好。在实际应用中，采用激光聚焦击穿空气产生等离子体的方法，就需要激光器有较高的聚焦性。

从图 5.17(d) 所示的综合性能参数 P_s 的变化曲线可以看出，激光功率为 5~15kW 时，随着等离子体区域体积的增大，P_s 提升较快，而功率为 20~25kW 时，等离子体区域体积对综合性能的影响不大，而功率大于 25kW 时，随着体积的增大，综合性能逐渐下降，且功率越大，下降趋势越明显。综合考虑，注入激光功率为 15kW，r_{eff}=7.617mm 时，进气道综合性能参数最高。这样的选择也比较节省能量。

在体积不同的区域中注入激光能量时，图 5.18 所示为激光功率 15kW 时唇口区和唇口上游外压缩段流场的密度梯度和流线情况以及压强和马赫数分布图。由密度梯度和流线情况可知，r_{eff}=2.539mm 时，激光注入产生激波的激波角较小，来流压缩程度小，随着等离子体区域半径增大，在前端产生的弓形激波半径增大，波振面向唇口方向移动，r_{eff}=10.156mm 时，激波已十分靠近唇口，对前压缩段激波结构的影响很小，因此，来流捕获率会降低，而在 r_{eff}=5.078mm 和 r_{eff}=7.617mm 时，第一道斜激波与弓形激波相交，类似于前缘斜激波遇到固体壁面发生反射的效果，提升了来流空气的压缩程度，从流线上也可以看出，此时进入进气道的来流也较多。由压强和马赫数分布图可以看出，进气道喉部静压随激光能量注入区域体积增大而升高，但变化不大，而区域体积增大使得高温低马赫数区范围扩大，进气道喉部平均马赫数下降程度大于静压的提升程度，因此总压恢复系数随等离子体区域体积增大呈下降趋势。

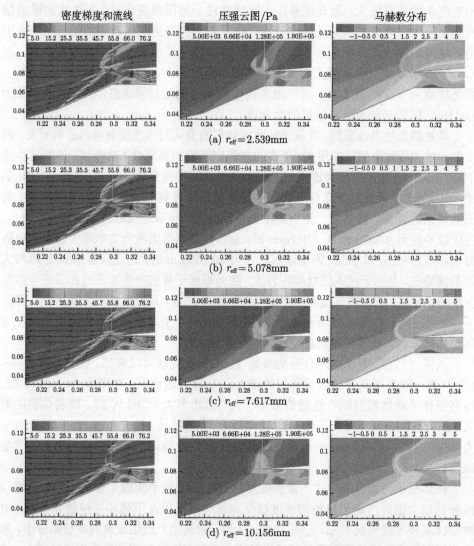

图 5.18   注入区域体积不同时进气道密度梯度和流线、压强云图和马赫数分布

根据激光能量注入流场产生激波的原理，注入区域半径增大，类似于超声速流动遇到半径增大的钝头体后的效果，产生的弓形激波半径增大，但波振面向唇口方向移动，后侧斜激波的激波角增大，而注入区域半径很小时，产生激波的激波角很小，对来流的压缩效果不明显，因此，选择尺寸适中的激光注入区域，并且注入位置在唇口延长线上方，这样，可以更有效地提高进气道的来流捕获率。

从图 5.19 的唇口区上壁面温度分布图中可以看出，等离子体区域体积越大，唇口前缘的温度越高，对进气道设计材料的要求就越高，同时进气道内部的气流温度也升高，对进气道性能造成不利影响。不同等离子体区域体积情况下唇口区下壁面压强分布则比较一致，可见在激光能量注入位置靠近唇口时，改变能量沉积区域的体积对回流区的影响不大。

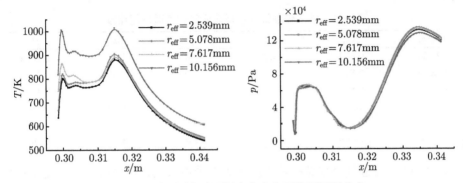

图 5.19　唇口区上壁面温度分布和下壁面压强分布

在本节的讨论中，激光能量注入位置不变，只改变等离子体区域的半径，产生激波的结构发生变化，弓形激波半径增大，后侧斜激波的激波角增大，从而对来流捕获率带来影响，K_m 的变化与激光注入产生激波的结构以及与前缘斜激波相交的位置关系较大。因此，在下面的研究中将讨论不同激光功率下注入位置的改变对进气道来流捕获率的影响。

5.4.3　激光能量注入位置对控制效果的影响

在 5.4.2 节的分析中得出，激光能量的注入位置和进气道来流捕获率的变化之间存在着紧密的联系，因此在本节的计算中，改变注入位置来研究其与进气道各参数变化情况的关系。在合适的位置注入，能以最少的能量获得最好的效果。激光注入位置包括纵向坐标和横向坐标，横向坐标即唇口延长线方向的坐标，纵向坐标即垂直于唇口延长线方向的坐标。

1. 激光能量注入位置纵向坐标变化对来流捕获率的影响

由于计算模型为 (x, y) 平面周期对称模型，因此研究注入位置在 (x, y) 平面内的改变即可，首先研究在 y 坐标方向发生位置改变时，对控制效果的影响。

1) 计算条件

计算所采用的进气道模型与外部环境都与 5.1 节的相同，来流马赫数为 5，小于设计值。注入激光功率为 15kW，等离子体区域在 (x, y) 平面内半径 $r_{eff}=5.078\text{mm}$，圆心的 x 坐标为 256mm，y 坐标分别选取 82.555mm、85.094mm、87.633mm、

90.172mm、92.711mm、94.654mm，为等离子体在 (x, y) 平面内圆形区域的半径的 1/2。

2) 计算结果

激光能量注入位置 x 坐标保持不变时，改变其 y 坐标，计算得到的进气道来流捕获率、总压恢复系数、压升比、喉部平均马赫数和综合性能参数如表 5.5 所示。

表 5.5　注入位置纵向坐标改变时进气道性能比较

y/mm	K_m	k_{pt}	k_p	Ma_{th}	P_s
82.555	0.824	0.393	25.0	1.91	0.1602
85.094	0.848	0.411	24.9	1.96	0.1636
87.633	0.899	0.418	24.6	1.99	0.1704
90.172	0.908	0.423	24.3	2.00	0.1709
92.711	0.873	0.438	23.8	2.11	0.1679
94.654	0.869	0.445	23.0	2.17	0.1671

图 5.20(a) 为进气道来流捕获率随激光能量注入位置在纵向改变的变化曲线，从图中可以看出，注入位置的 y 坐标由唇口延长线位置开始逐渐增大，在注入激光功率不变的情况下，开始阶段来流捕获率随着 y 坐标的增大而增加，在 y 坐标达到 90mm 左右时，来流捕获率达到最高，约为 0.908，较无激光能量注入时提高了 25.9%；之后，注入位置 y 坐标继续增大，来流捕获率呈较快降低的趋势。因此，在只考虑进气道来流捕获率优化的情况下，选取唇口延长线向上 y=90mm 左右的位置注入激光能量，产生等离子体，形成虚拟唇口对来流捕获率有最好的提升效果。

图 5.20(b) 为进气道总压恢复系数随激光能量注入位置 y 坐标改变的变化曲线，可见，总压恢复系数随着等离子体注入位置 y 坐标的增加而增加，总压损失逐渐降低。绝热动能效率的变化规律也揭示了这一点，如图 5.20(e) 所示。图 5.20(c) 为进气道压升比的变化曲线，随着激光能量注入位置 y 坐标的增大呈下降趋势，原因是等离子体注入形成高压区，并随着来流方向，向唇口方向发展，随着注入位置远离唇口，带来的喉部压强的提升效果也减小，进气道的压升比逐渐降低。图 5.20(d) 为进气道喉部平均马赫数随注入位置 y 坐标改变的变化曲线，Ma_{th} 随 y 坐标的增大而逐渐增大，原因是激光能量注入位置逐渐远离唇口，形成的高温低马赫数区域远离唇口，进入进气道的加热气流逐渐减少，进气道喉部平均马赫数提高，总压损失降低。且提高程度比压升比的降低程度高，因此，总压恢复系数呈增长趋势。

通过图 5.20(f) 中进气道综合性能参数随激光能量注入位置纵向坐标改变的变化曲线可以看出，y 坐标从唇口延长线位置开始增大，综合性能参数 P_s 随之升高，且提高速度较快，当注入位置 y 坐标为 90mm 左右时，综合性能达到最高，此时，进气道来流捕获率最高，同时总压恢复系数也在较高的水平，进气道的性能更接近设计工况下的情形；等离子体注入位置继续远离唇口，进气道性能又开始下降，这是由于此时来流捕获率开始降低。

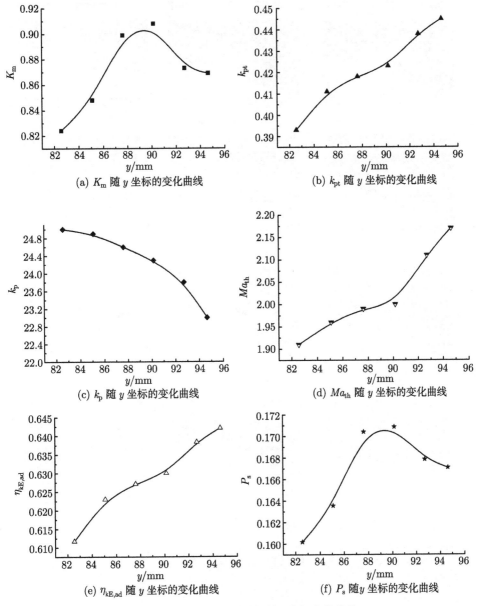

(a) K_m 随 y 坐标的变化曲线

(b) k_{pt} 随 y 坐标的变化曲线

(c) k_p 随 y 坐标的变化曲线

(d) Ma_{th} 随 y 坐标的变化曲线

(e) $\eta_{kE,ad}$ 随 y 坐标的变化曲线

(f) P_s 随 y 坐标的变化曲线

图 5.20 进气道性能参数随 y 坐标变化曲线

图 5.21 显示了激光功率为 15kW，注入位置 y 坐标改变时进气道密度梯度和流线以及压强和马赫数分布图。从流线情况可以看出，激光注入产生弓形激波，第一道前缘斜激波与弓形激波相交，第二道和第三道前缘斜激波与后侧斜激波相交，

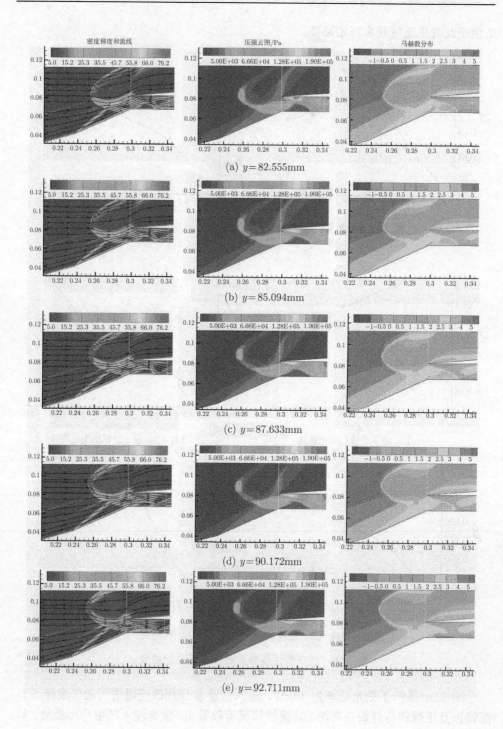

(a) $y=82.555\text{mm}$

(b) $y=85.094\text{mm}$

(c) $y=87.633\text{mm}$

(d) $y=90.172\text{mm}$

(e) $y=92.711\text{mm}$

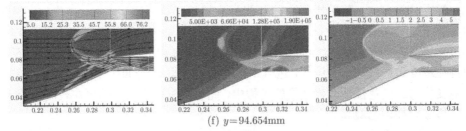

(f) $y = 94.654$mm

图 5.21 注入位置 y 坐标改变时进气道密度梯度和流线、压强云图和马赫数分布

产生透射波，来流经过前缘斜激波沿壁面偏转后，受所产生的激波的影响，又向壁面方向偏转，之后经过第二道和第三道斜激波与所产生激波相交产生的透射波，又沿壁面方向偏转，部分来流偏离唇口，没有进入进气道，这种情况下，来流捕获量比无激光能量注入时有所提升，增大了进气道的来流捕获率。

注入位置 y 坐标由唇口延长线位置开始逐渐增加，开始阶段，注入位置位于唇口延长线上，产生的激波最终打在进气道前体固壁上肩部下游的位置，随着注入位置 y 坐标的增大，产生的激波向着 y 轴正方向移动，并逐渐靠近唇口，与前体固壁的交点也逐渐靠近肩部，随着激波的上移，被压缩的来流空气质量增多，且发生折转的气流减少，因此来流捕获率增大，正如图 5.21(a) 所示；随着 y 坐标超过 90.172mm 继续增大，激光能量注入所产生的激波继续向 y 轴正方向和唇口方向移动，第一道前缘斜激波与此激波的交点也向靠近唇口的方向移动，类似于固体唇口的延伸距离缩短的效果，因此受到压缩进入进气道的来流空气减少，来流捕获率又开始降低。在此过程中，$y = 90.172$mm 时，激光能量注入产生的激波与前体壁面的交点在进气道肩部附近，由之前的数据可知，此时的进气道来流捕获率最高。在之前进气道激波结构分析中，进气道的设计工况下，前体三道斜激波汇聚到唇口，反射波打到进气道肩部位置为最理想的激波结构，而在本节的计算结果中也体现了这一点，激光能量注入产生等离子体，形成虚拟唇口，代替了固体唇口延伸的效果。

由压强云图可知，激光能量注入所产生的激波与前缘斜激波相交，在后方的流场中形成高压区，使得进气道压升比提高，随着注入位置 y 坐标的增大，喉部平均静压降低，压升比也随之减小。由马赫数分布图可以看出，在流场中形成的虚拟唇口，是一个高温低马赫数区，并随着来流向进气道唇口方向发展，当注入位置在唇口延长线上时，高温区影响进入进气道的空气，使得更多被加热的来流进入进气道，导致进气道喉部平均马赫数降低；随着注入位置向 y 轴正方向移动，高温低马赫数区向着相同的方向移动，逐渐远离唇口，对进入进气道的空气的影响越来越小，提升了进气道的喉部平均马赫数，且提高程度高于静压的降低程度，因此总压损失降低，且随着注入位置向 y 坐标轴正方向移动是个单调的变化过程。

　　综上分析可知，随着注入位置 y 坐标由唇口延长线逐渐增大，产生的激波也向 y 轴正方向移动，并逐渐靠近唇口，激波与前体固壁的交点也由前体壁面向肩部位置移动，当到达肩部时，即最接近于前缘斜激波遇到固体唇口发生反射，反射波打在进气道肩部的理想结构，进气道来流捕获率最高，同时，在研究注入位置 y 坐标变化对进气道性能改善效果的过程中，此时的总压恢复系数也在较高的状态，进气道综合性能也最高。

2. 注入位置在纵向变化对控制效果的影响与激光功率的关系

1) 计算条件

　　为了研究在不同激光功率条件下，改变等离子体注入位置的纵向坐标对进气道来流捕获率和其他性能参数的影响，选择激光功率分别为 5kW、10kW、15kW、20kW、25kW、30kW、35kW、40kW，激光能量注入位置的 x 坐标为 256mm，y 坐标从唇口延长线位置向正方向增长。

2) 计算结果

　　注入位置在 y 轴变化，注入激光功率不同时得到的进气道来流捕获率如表 5.6 所示。

表 5.6　注入位置纵坐标不同，激光功率变化时的进气道来流捕获率

y	P								
	0	5kW	10kW	15kW	20kW	25kW	30kW	35kW	40kW
82.555mm	0.721	0.784	0.798	0.824	0.825	0.856	0.860	0.844	0.810
85.094mm	0.721	0.790	0.825	0.848	0.849	0.857	0.873	0.861	0.827
87.633mm	0.721	0.809	0.843	0.899	0.899	0.876	0.879	0.878	0.877
90.172mm	0.721	0.787	0.839	0.908	0.918	0.917	0.900	0.896	0.892
92.711mm	0.721	0.780	0.839	0.873	0.929	0.931	0.930	0..917	0.916
94.654mm	0.721	0.769	0.849	0.869	0.937	0.937	0.94	0.931	0.919

　　当注入激光功率不同时，改变注入位置纵向坐标所得到的进气道性能参数的变化曲线如图 5.22 所示，图 5.22(a) 为来流捕获率的变化曲线，由曲线变化趋势可以看出，在注入位置坐标 $y=82.555$mm 和 85.094mm 的情况下，激光功率在 5~30kW 增大时，来流捕获率升高，超过 30kW 继续增大，则来流捕获率降低；当 y 坐标继续增大时，由图中可以看出，随着 y 坐标的增大，使得来流捕获率达到最高值的激光功率值也随着增大，比如在 $y=87.633$mm 时，$P=15$kW 左右时，来流捕获率最高，$y=90.172$mm 时，功率在 15kW 和 20kW 之间某值时来流捕获率达到最大值，$y=92.711$mm 时，在 20kW 到 25kW 之间某值时 K_m 达到最大值。

　　在激光功率相同的条件下，大于 20kW 时，来流捕获率随着 y 坐标的增大而单调升高，只考虑来流捕获率的情况下，注入位置 y 坐标小于 87.633mm 时，激光

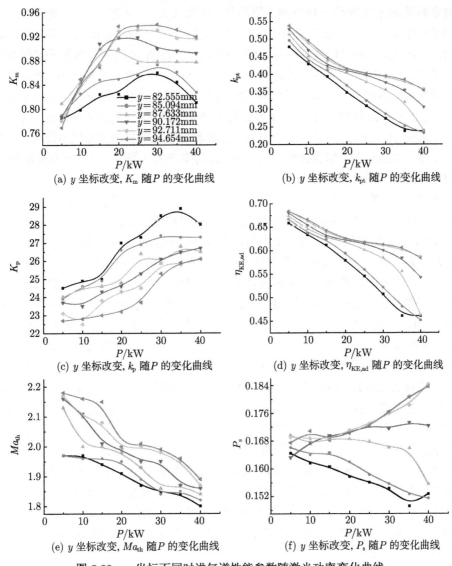

图 5.22 y 坐标不同时进气道性能参数随激光功率变化曲线

(b)~(f) 中图例同 (a)

功率为 30kW 左右时的提升效果最好，来流捕获率提高幅度约为 24.8%；而当 y 坐标大于 87.633mm 时，根据消耗最少能量达到最优效果的原则，y=94.654mm，激光功率为 20kW 左右时为最佳，且来流捕获率的提升程度高于注入位置较靠近唇口时的情况，可达到 29.9% 左右。

图 5.22(b) 为总压恢复系数变化的拟合曲线，等离子体注入位置相同时，总压

恢复系数随激光功率增大呈单调下降趋势，由图 5.22(c) 和图 5.22(e) 的压升比变化曲线和喉部平均马赫数变化曲线可知，注入激光功率越大，形成的高温高压区域影响范围越大，对进气道喉部静压的提升越高，但同时形成的低马赫数区域影响范围也越大，被加热的来流空气就越多，会有越多的加热气流进入进气道，使得进气道喉部平均马赫数降低，最终导致总压损失增加。图 5.22(d) 为绝热动能效率变化曲线，也揭示了此规律。图 5.22(f) 为进气道综合性能 P_s 变化的拟合曲线，当 y 坐标小于或等于 87.633mm 时，综合性能 P_s 随着等激光功率增大而缓慢降低，y 坐标大于 87.633mm 时，综合性能 P_s 随着激光功率增大而增大，且在研究选取的范围内单调递增。

图 5.23 为激光能量注入位置 y 坐标为 90.172mm 时，注入激光功率分别为 10kW、20kW、30kW、40kW 时的进气道流场密度梯度和流线、压强和马赫数分布图，与 4.1 节中的结果比较，4.1 节中的条件为 $x=287$mm，注入位置距离唇口很近，激光功率最大时产生的激波亦不能打到进气道肩部，而本节中注入位置 x 坐标为 256mm，从图中可以看出，当激光功率为 20kW 时，激光能量注入产生的激波打在进气道肩部位置，近似于理想状态，此时的来流捕获率是 0.918，为功率变化过程中 K_m 的最高值，激光功率较小时，产生激波的激波角小，来流空气的压缩程度低，随着激光功率增大，产生激波的激波角增大，更多的来流空气被压缩，来流捕获率提高，功率超过 20kW 继续增大，接近饱和状态，来流捕获率变化趋于稳定。

由压强云图可知，激光能量注入产生的激波与前缘斜激波相交后，在后方形成高压区，造成进气道喉部静压增高，随着激光功率的增大，高压区范围扩大，因此，在相同注入位置，压升比随功率增大而提高，在 $P=40$kW 时，唇口附近产生范围较大的高压区，形成拥塞，不利于进气道性能的改善。由马赫数分布可知，注入激光功率增大，注入位置后方形成的高温低马赫数区随之扩大，引起进气道喉部平均马赫数的降低，当 $P=40$kW 时，唇口上游形成很大范围的低马赫数区，来流速度下降较快，尽管此时的来流捕获率得到提升，但对进气道起动带来不利影响。由于喉部平均马赫数下降严重，进气道总压损失增大，总压恢复系数也随着注入激光功率的增大而降低。

3. 激光能量注入位置横向坐标变化对来流捕获率的影响

1) 计算条件

计算所采用的进气道模型与 5.4.1 节的相同，来流马赫数为 5，低于设计值，注入激光功率为 15kW，注入区域半径 $r_{eff}=5.078$mm，圆心的 x 坐标分别为 160mm、176mm、192mm、208mm、224mm、240mm、256mm、287mm，y 坐标为 87.633mm。

2) 计算结果

研究激光能量注入位置在横向变化时对进气道来流捕获率和其他性能参数的

影响，其中，注入激光功率为 15kW，y 轴方向位置保持不变，在 x 轴方向不同位置注入激光能量，计算得到的进气道来流捕获率、总压恢复系数、压升比、喉部平均马赫数和综合性能参数如表 5.7 所示。

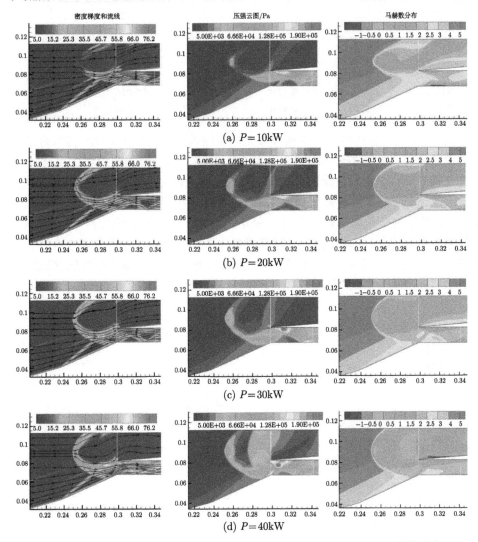

图 5.23　注入激光功率不同时进气道流场密度梯度和流线、压强和马赫数分布

图 5.24 为进气道主要性能参数随激光能量注入位置在 x 方向变化时的拟合曲线，从图 5.24(a) 中来流捕获率的变化曲线可以看出，注入位置距离唇口位置越远来流捕获率越低，在 x 坐标为 256mm 左右时，来流捕获率达到最高，约为 0.88，提高了 22.1%，注入位置继续靠近唇口，来流捕获率又开始降低。当 x 坐标小于

200mm 左右时，来流捕获率相比无等离子体注入的情况更低。

表 5.7　注入位置不同横向坐标时进气道性能比较

x/mm	K_m	k_{pt}	k_p	Ma_{th}	P_s
192	0.7041	0.3389	27.58	1.564	0.0753
208	0.7491	0.3244	28.82	1.505	0.0764
224	0.7882	0.3209	28.81	1.574	0.0762
240	0.8450	0.3816	28.71	1.731	0.0878
256	0.8805	0.4204	24.87	2.015	0.0937
287	0.8308	0.4976	24.33	2.060	0.0988

图 5.24(b) 为总压恢复系数随着激光能量注入位置在横向变化时的拟合曲线，可见总压恢复系数随着注入位置靠近唇口而升高，总压损失减少，在 $x=287\text{mm}$ 时达到最高，而在注入位置远离唇口的时候，总压恢复系数值很低，总压损失严重，此时对来流捕获率的提升程度也较小。图 5.24(f) 为综合性能参数 P_s 变化曲线，在本节研究所选取的范围内，P_s 呈单调变化，在注入位置位于 $x=287\text{mm}$ 时到最高。综上讨论，在本算例的外部环境条件下只考虑增大进气道来流捕获率时，选取注入位置 x 坐标为 256mm 左右时为最佳，而考虑进气道综合性能达到最佳，当 $x=287\text{mm}$ 时进气道的总压恢复系数较高，来流捕获率也在较高的水平，因此，此

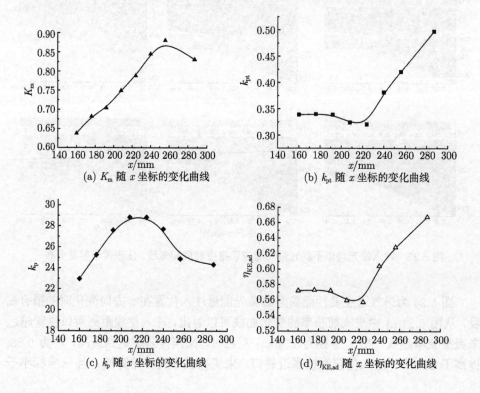

(a) K_m 随 x 坐标的变化曲线　　　　　(b) k_{pt} 随 x 坐标的变化曲线

(c) k_p 随 x 坐标的变化曲线　　　　　(d) $\eta_{KE,ad}$ 随 x 坐标的变化曲线

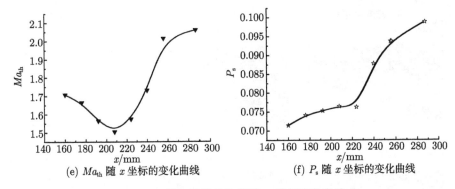

(e) Ma_{th} 随 x 坐标的变化曲线   (f) P_s 随 x 坐标的变化曲线

图 5.24 进气道性能参数随 x 坐标变化曲线

时的进气道综合性能最好。由于来流马赫数偏离设计值较少，因此第一道斜激波与唇口延长线的交点处距离唇口位置很近，在交点后第一道斜激波后注入激光能量对控制效果的影响没有考虑，因此在研究的范围内进气道综合性能呈单调变化。在下面的研究中，讨论不同来流马赫数条件下，此方法的控制效果时会涉及此问题。

注入激光功率为 15kW，注入位置在 x 轴变化时的进气道流场的流线情况如图 5.25 所示，在注入位置远离唇口时，前缘斜激波不与注入位置前部端产生的弓形激波相交，而是与后侧斜激波相交，形成透射波，来流经过等离子体区域向固壁方向偏转后由于透射波又沿壁面发生折转，对来流捕获量的增大效果不明显，如 $x=208$mm 时，来流捕获率为 0.7491，提高了 3.9%，提高程度很小；随着注入位置靠近唇口，前缘斜激波与弓形激波相交，没有产生透射波，而第二道和第三道斜波与后侧斜激波相交产生透射波，被压缩的来流增多，尽管遇到第二道和第三道前缘斜激波的透射波后发生折转，来流捕获量仍得到了可观的提升，如 $x=256$mm 时，来流捕获率为 0.8805，提高了 22.1%；注入位置继续靠近唇口，前缘斜激波均与弓形激波相交，来流经过激光注入产生的激波后基本不会发生折转，但是由于激波位置靠近唇口，受激波影响而发生偏转的来流较之前减少，因此，来流捕获量又开始降低，来流捕获率的变化趋势正如图 5.24(a) 所示。

从图 5.25 中的压强分布可以看出，激光能量注入位置沿 x 轴正方向逐渐靠近唇口，在距离唇口较远时，产生的激波与前缘斜激波相交后，形成透射波，最终打在前体固壁上，发生反射，在肩部下游位置出现高压区，进气道喉部静压得到提升，如图 5.25(b) 所示；当 $x>224$mm 之后，随着注入位置靠近唇口，高压区开始减小，进气道压升比又呈下降趋势。从马赫数分布图可以看出，注入位置距离唇口较远时，来流经过等离子体区域加热，并向唇口方向流动，在唇口位置附近沉积，形成又一高温低马赫数区域，造成进气道喉部平均马赫数的降低，$x>208$mm 继续增大，唇口附近的低马赫数区又逐渐减小，喉部马赫数开始较大程度地提升。受静压和

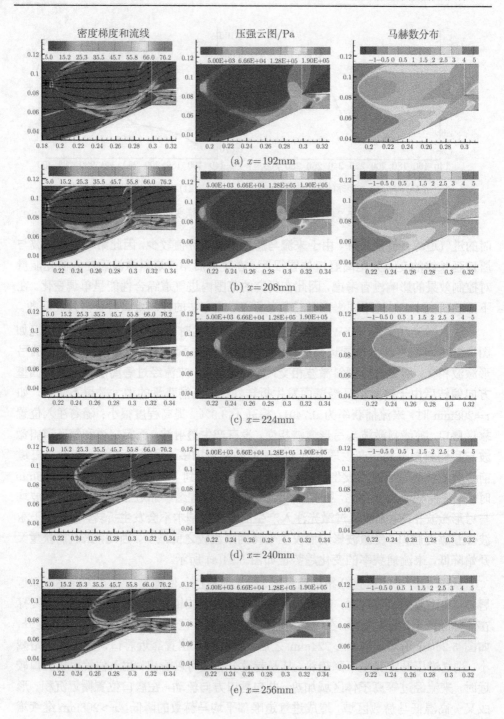

(a) $x = 192\text{mm}$

(b) $x = 208\text{mm}$

(c) $x = 224\text{mm}$

(d) $x = 240\text{mm}$

(e) $x = 256\text{mm}$

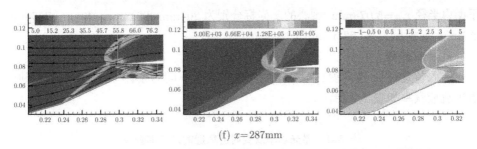

(f) $x = 287$mm

图 5.25 注入位置 x 坐标变化时进气道密度梯度和流线、压强和马赫数分布

马赫数的影响，总压恢复系数呈先缓慢降低，后迅速升高的趋势。

图 5.26 为激光能量注入位置横坐标不同时的唇口区上壁面温度分布和下壁面压强分布，由温度分布可知，唇口前缘位置的温度在注入位置靠近唇口时最低，因为注入位置在唇口延长线以上，来流经过等离子体区域加热，大部分流向唇口上方，对唇口前缘附近温度造成的影响很小。

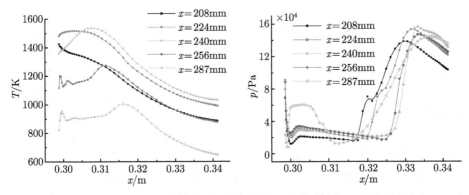

图 5.26 注入位置 x 坐标不同时唇口区上壁面温度分布和下壁面压强分布

而在注入位置远离唇口的过程中，来流经过等离子体区域加热并膨胀扩散，在唇口附近沉积，造成唇口前缘温度升高，给进气道的材料设计带来困难。从压强分布曲线可以看出，在注入位置 $x < 287$mm 时，唇口区下壁面靠近前体位置的回流区减弱甚至消失，对进气道流场的稳定和超声速气流的流通有很大的促进作用，在注入位置 $x = 287$mm 时，注入位置距离唇口很近，产生的高温高压区对唇口区下壁面的影响不大，回流区又出现，与无激光能量注入时接近。

4. 注入位置在横向变化对控制效果的影响与激光功率的关系

1) 计算条件

计算所采用的进气道模型与外部环境条件都与之前章节的相同，来流马赫数为 5，低于设计值，注入激光功率分别为 15kW、25kW、30kW，等离子体区域在 (x, y)

平面内半径 r_{eff}=5.078mm，圆心的 x 坐标分别为 208mm、224mm、240mm、256mm、287mm，y 坐标为 87.633mm。

2) 计算结果

注入位置在 x 方向变化时，在注入激光功率不同的条件下，计算得到的进气道来流捕获率如表 5.8 所示。

表 5.8　　激光功率改变时进气道的来流捕获率

x	P			
	0	15kW	25kW	30kW
208mm	0.721	0.749	0.764	0.733
224mm	0.721	0.788	0.837	0.806
240mm	0.721	0.845	0.947	0.912
256mm	0.721	0.881	0.988	0.926
287mm	0.721	0.844	0.862	0.856

在第 3 部分的分析中，当激光能量注入位置横向坐标小于 208mm 左右时，对进气道来流捕获率起到了降低的作用，因此，在本节研究中，注入位置 x 坐标从 208mm 开始，逐渐靠近唇口。图 5.27(a) 为激光功率不同的条件下来流捕获率随注入位置在横向变化的拟合曲线，由曲线可知，注入激光功率为 25kW 和 30kW 时，来流捕获率的变化趋势与 15kW 时相似，在 x 坐标为 250mm 左右时达到最大，原因分析如上节所述。注意到注入激光功率为 25kW 时的来流捕获率提高较 15kW 和 30kW 时都大，提高进气道来流捕获率更为理想。K_{m} 最高增幅可达 35% 左右。

注入激光功率为 25kW 和 30kW 时的总压恢复系数变化趋势与 15kW 时也相类似，且在 x 坐标不变的情况下，功率越小总压损失越小，因为注入激光功率增大伴随着产生的高温区域的增大，来流空气被加热的程度提高，更多热流进入进气道，导致进气道喉部平均马赫数降低，且降低程度高于压升比提高程度，导致进气道总压恢复系数的降低。观察综合性能变化曲线，如图 5.27(f) 所示，随着激光能量注入位置沿 x 轴正方向向唇口靠近，进气道的综合性能逐渐提高，在注入位置 x=287mm 时达到最高，与之前的结论一致。

综上所述，激光能量注入位置在横向变化，同时伴随注入激光功率大小变化，位置不变时，来流捕获率随激光功率从 5kW 到 30kW 增大而先增大后减小，在 25kW 左右时存在峰值，总压恢复系数先缓慢减小后迅速增加，综合性能参数单调增加，在 x=287mm 左右时达到最高。

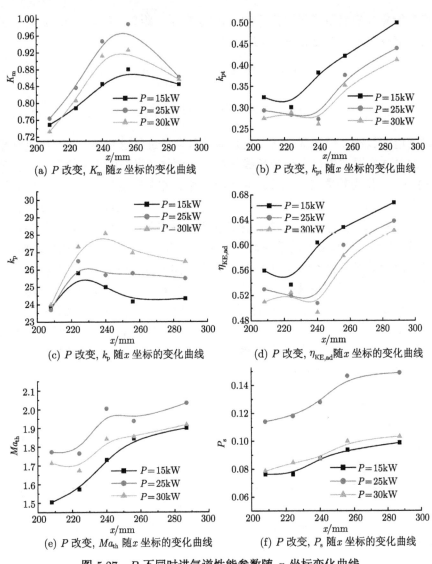

(a) P 改变, K_m 随 x 坐标的变化曲线

(b) P 改变, k_{pt} 随 x 坐标的变化曲线

(c) P 改变, k_p 随 x 坐标的变化曲线

(d) P 改变, $\eta_{KE,ad}$ 随 x 坐标的变化曲线

(e) P 改变, Ma_{th} 随 x 坐标的变化曲线

(f) P 改变, P_s 随 x 坐标的变化曲线

图 5.27 P 不同时进气道性能参数随 x 坐标变化曲线

5.5 脉冲激光能量注入参数的优化

5.5.1 能量注入位置对进气捕获的影响

为使研究结果具有更直观的物理意义, 将能量注入位置无量纲化为能量注入点坐标与唇口坐标之比, 其中 D_x 和 D_y 代表无量纲坐标, $x_{deposition}$ 和 $y_{deposition}$

分别代表能量沉积点距进气道前缘的 x 和 y 向相对距离，x_{cowllip} 和 y_{cowllip} 分别代表进气道唇口距前缘的 x 和 y 向相对距离：

$$D_x = \frac{x_{\text{deposition}}}{x_{\text{cowllip}}} = \frac{x_{\text{deposition}}}{375} \tag{5-7}$$

$$D_y = \frac{y_{\text{deposition}}}{y_{\text{cowllip}}} = \frac{y_{\text{deposition}}}{94} \tag{5-8}$$

进气道的最佳几何构型是唇口反射激波入射于进气道肩部，因此可以猜想虚拟唇口的最佳位置在唇口上游延长线与第一道前体斜激波的相交点附近。以该点坐标 (0.88, 1) 作为基准点，先固定 y 坐标，对 x 在基准点附近寻优，取定最优的 x 值之后，再对 y 在基准点附近寻优，最后插值确定最优的虚拟唇口位置。在坐标 (0.88, 1) 点注入能量形成的虚拟唇口来流捕获量达到设计值的 94.4%，该情况唇口处仍有溢出现象，前体激波的反射波入射于进气道肩部之前，并未达到理想状态。在基准点附近对能量注入的 x 坐标寻优结果如图 5.28(a) 所示，当 D_x=0.853 时，来流捕获率 K_{m}、总压恢复系数 k_{pt} 和绝热动能效率 $\eta_{\text{KE,ad}}$ 同时达到了峰值，分别为 0.978、0.82 和 0.771。在对 x 坐标寻优的基础上，取 D_x=0.853，D_y 在 1 附近寻优，结果如图 5.28(b) 所示。当 D_y=0.99 时，来流捕获率 K_{m} 达到峰值 0.991，总压恢复系数 k_{pt} 达到 0.823，绝热动能效率 $\eta_{\text{KE,ad}}$ 达到 0.771，比未施加虚拟唇口时提高了 14.1%、8.6%和 1.8%。

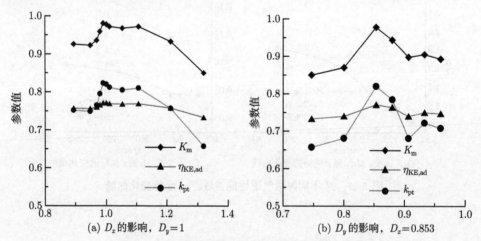

图 5.28　能量注入的横向位置对进气道性能的影响

将计算得到的进气道气流捕获和压缩性能与多个能量注入点坐标的关系在 Matlab 中利用三次插值的方法 (cubic interpolation) 进行拟合，结果如图 5.29 所示。对比 3 幅图可知，虚拟唇口对 3 个参数的影响规律是十分相似的，其中气流捕获量 K_{m} 代表气流捕获效率，总压恢复系数 k_{pt} 和绝热动能效率 $\eta_{\text{KE,ad}}$ 代表气流压缩效率, 这就说明虚拟唇口同时具备了改变来流方向和压缩来流的双重性能, 提高进气捕获量与提高进气压缩效率可同时实现, 这为虚拟唇口的参数优化提供了便利条件, 也说明了虚拟唇口的优越性。

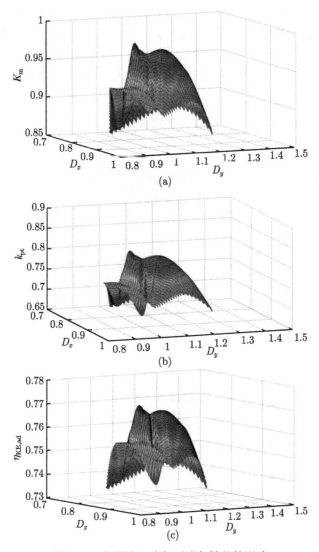

图 5.29 能量注入坐标对进气性能的影响

该算例最终确定的最佳激光能量注入位置为 (0.853, 0.99), 与基准位置 (0.88, 1) 相对误差仅为 (−3%, −1%), 这说明选择唇口上游延长线与第一道前体斜激波的相交点为基准点可以快速找到最佳位置, 为位置寻优提供了便利, 体现了该点的优越性。

为研究能量注入的位置影响来流捕获的作用机制，选取几个典型状态的流场作比较，如图 5.30 所示。(a) 代表当能量注入位置偏向 $-x$ 时的情况，来流虽然经过弓形激波后向内压缩段偏折，但随即就因为弓形激波在肩部上游的反射而向 $+y$ 方向偏折，发生溢出。如果能量注入位置偏向 $+x$，就无法控制第一道前体斜激波造成的来流偏折，因而起不到作用，如 (b) 状态所示。当能量注入位置偏向 $-y$ 时，部分来流入射于弓形激波的 $+y$ 半部分，向 $+y$ 方向偏折溢出，即 (c) 代表的状态。当能量注入位置偏向 $+y$ 时，弓形激波与来流作用区域较小，不能有效改变来流方向，即 (d) 代表的状态。

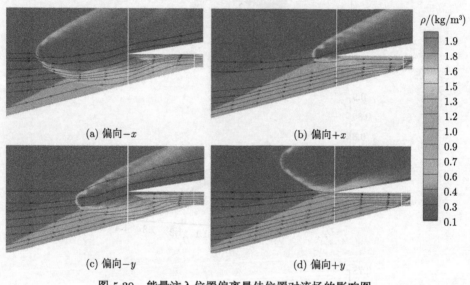

(a) 偏向$-x$ (b) 偏向$+x$

(c) 偏向$-y$ (d) 偏向$+y$

图 5.30   能量注入位置偏离最佳位置对流场的影响图

5.5.2   能量注入大小对进气捕获的影响

定义无量纲能量大小为注入激光能量的平均功率与自由流焓值之比：

$$\varepsilon = \frac{\dot{Q}}{\dot{H}} = \frac{W}{\rho_\infty c_p T_\infty V_\infty \left(h_3\right)^2} \tag{5-9}$$

式中，c_p 为比定压热容；h_3 为进气道迎风面长度；ρ_∞、T_∞ 和 V_∞ 分别为自由流密度、温度和速度。选择激光能量注入位置为 $(0.853, 0.99)$，得到能量大小对进气道来流捕获性能影响曲线如图 5.31 所示，从中可知随着激光注入能量的提高，捕获量 K_m、总压恢复系数 k_{pt} 和绝热动能效率 $\eta_{KE,ad}$ 都呈上升趋势，当 $\varepsilon > 2\%$ 时，捕获量 K_m 甚至能高于 1。

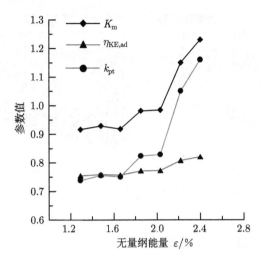

图 5.31 能量大小对进气性能的影响

但并非激光注入能量越高就对飞行器性能越有利, 图 5.32 为激光能量大小对进气道唇口附近静温的影响, 从中可知唇口附近静温随着激光能量的提高急剧升高, 当 $\varepsilon > 2\%$ 时可达到 3000K 左右, 这极有可能对唇口造成烧蚀, 对飞行器的热防护非常不利。图 5.33 为 $\varepsilon=1.85\%$ 和 $\varepsilon=2.4\%$ 时的流场温度分布对比, 当 ε 过高时产生了面积较大的高温区域, 与 ε 适中时相比, 不仅有可能对飞行器造成烧蚀, 而且高温气团进入进气道内压缩段, 并引致了较大的涡结构, 流场均匀性较差。因此, 综合考虑进气捕获性能、气流压缩性能以及飞行器热防护等因素, 认为当能量注入位置为 $(0.853, 0.99)$ 时, ε 取 1.85 比较合适, 此时 $K_m=0.981$、$k_{pt}=0.823$、$\eta_{KE,ad}=0.771$, 唇口附近温度约为 1400K。

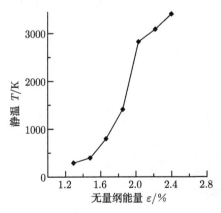

图 5.32 能量大小对唇口静温的影响

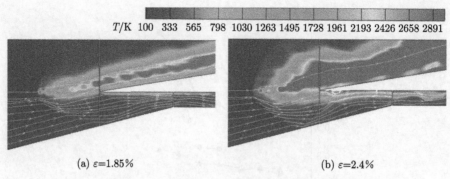

T/K　100　333　565　798　1030　1263　1495　1728　1961　2193　2426　2658　2891

(a) $\varepsilon=1.85\%$　　　　　　　　　　　　　　　(b) $\varepsilon=2.4\%$

图 5.33　能量大小对流场静温分布的影响

5.5.3　不同来流马赫数下的控制方案

由 5.2 节可知,随着来流马赫数的降低,进气捕获和压缩性能急剧下降。在不同的马赫数下如何施加虚拟唇口,控制策略有何不同,是一个值得研究的问题。前文在马赫数为 5 的条件下得到了能量注入位置和大小的选择方法,研究该方法能否推广至其他马赫数,对于形成规律性的认识,最终得到控制方案具有十分重要的意义。

先以自由来流马赫数为 4.5 的情况为例,由 5.4.1 节得到的结论可知,选择唇口上游延长线与第一道前体斜激波相交的位置作为基准点,在其附近可快速找到最佳位置注入点。由无量纲位置定义公式 (5-7) 和公式 (5-8) 可知,自由来流马赫数为 4.5 时,基准点坐标为 $(0.811, 1)$,如图 5.34 所示。在该位置附近注入频率为 100kHz,单脉冲 100mJ 的高重频激光能量,位置优化结果如图 5.35 所示,从中可知优化坐标为 $(0.784, 1)$,此时 $K_\mathrm{m}=1.01$、$k_\mathrm{pt}=1.03$、$\eta_\mathrm{KE,ad}=0.758$,优化点坐标与基准点坐标相同。

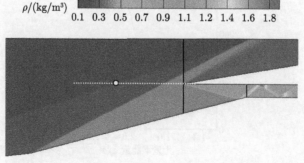

$\rho/(\mathrm{kg/m^3})$　0.1　0.3　0.5　0.7　0.9　1.1　1.2　1.4　1.6　1.8

图 5.34　自由来流马赫数为 4.5 时激光注入的基准点位置

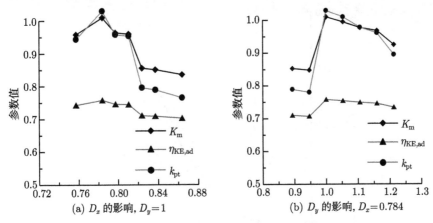

图 5.35　自由来流马赫数为 4.5 时激光注入位置的优化结果

在优化位置 $(0.811, 1)$ 研究激光能量大小对进气道性能的影响, 结果如图 5.36 和图 5.37 所示, 进气道气流捕获和压缩性能随能量的提高而显著升高, 但唇口附近静温急剧上升, 不利于飞行器热防护。因此, 无量纲能量 ε 以 2.0% 左右为宜。

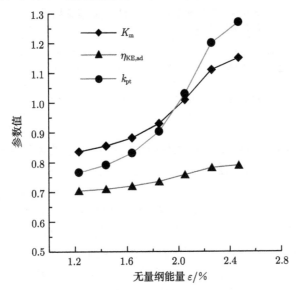

图 5.36　能量大小对进气性能的影响, $Ma_0 = 4.5$

自由来流马赫数为 4.5 时的优化结果与 $Ma_0 = 5$ 时存在诸多相似之处, 例如, 都在基准点位置迅速实现了激光注入位置的优化, 在位置最优点都存在较合适的能量注入大小等。为从这些相似点中得到规律性的认识, 将多种来流马赫数下的激光位置和大小优化结果进行对比, 如表 5.9 所示。

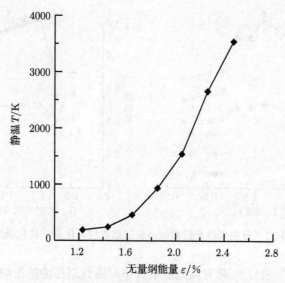

图 5.37　能量大小对唇口静温的影响，$Ma_0=4.5$

表 5.9　不同马赫数下的虚拟唇口优化结果

Ma_0	基准位置	优化位置	偏移量/%	能量 ε/%	K_m	k_{pt}	$\eta_{KE,ad}$	Ma_4
5.5	(0.944, 1)	(0.944, 1)	(0, 0)	2.02	0.978	0.709	0.791	2.81
5.0	(0.880, 1)	(0.853, 0.99)	(−3, −1)	2.03	0.984	0.828	0.772	2.52
4.5	(0.811, 1)	(0.784, 1)	(−3, 0)	2.05	1.01	1.03	0.758	2.30
4.0	(0.733, 1)	(0.733, 1)	(0, 0)	2.08	1.05	1.32	0.741	2.00
3.5	(0.656, 1)	(0.656, 1)	(0, 0)	1.85	0.838	1.20	0.64	1.60

　　由表 5.9 可得到两点结论：① 优化位置与基准位置的偏移量普遍极小，证明了上文所述基准位置选择方法的优越性；② 随着来流马赫数的降低，优化的无量纲能量略有升高。$Ma_0=3.5$ 时的情况比较特殊，其原因是来流马赫数过低，导致前体斜激波角度较大，优化位置与唇口距离较远，虚拟唇口的影响范围较大，流场结构比较复杂。4 种来流马赫数下优化的虚拟唇口对流场压力和流线分布的影响如图 5.38 所示，高重频激光能量注入形成的准静态波结构比较明显，来流被虚拟唇口压缩并改变方向，绝大部分流线进入了内压缩段，且流线比较均匀。

　　需要补充说明的是，虽然表 5.9 中的 K_m、k_{pt} 和 $\eta_{KE,ad}$ 接近并可能大于 1，但它们对应于其来流条件下的进气捕获和压缩性能，并非相对于 $Ma_0=6.0$ 而言。进气道出口马赫数 Ma_4 仍然随着来流马赫数的降低而明显降低，如图 5.39 所示，其原因是虚拟唇口只是改变了来流方向并压缩来流，并未使来流加速，因此加速来流的控制方法是值得研究的方向。

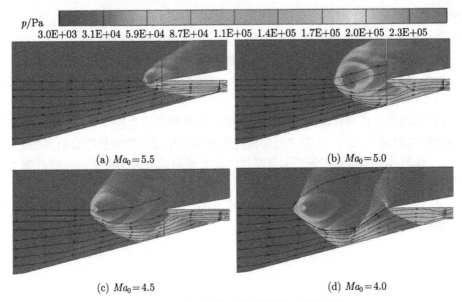

(a) $Ma_0 = 5.5$　　　　　　　　　　　　(b) $Ma_0 = 5.0$

(c) $Ma_0 = 4.5$　　　　　　　　　　　　(d) $Ma_0 = 4.0$

图 5.38　4 种马赫数下的虚拟唇口优化结果

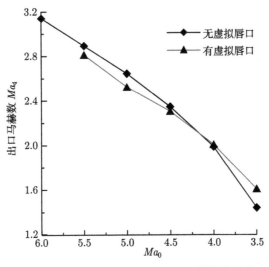

图 5.39　虚拟唇口对进气道出口马赫数的影响

5.6 小　　结

本章首先设计了马赫数为 6 的混压式二维进气道模型,数值研究了来流马赫数偏低时对进气捕获和压缩性能的影响。然后分别将连续激光和高重频激光能量沉积形成的准静态波用于形成虚拟唇口以提高进气道性能，揭示了虚拟唇口的作用机制，研究了不同来流条件下的控制方案，得到的主要结论如下。

(1) 虚拟唇口提高进气道性能的原理是压缩并使原本可能溢出的来流偏转进入内压缩段，虚拟唇口可实现气流捕获和压缩性能的同时提高，且不对进入内压缩段的气流加热，体现了其优越性。

(2) 选择第一道前体斜激波与唇口上游延长线的交点为基准点，在其附近可迅速找到最佳能量注入点，该方法可为激光能量沉积位置的选择提供有益参考。

(3) 随着飞行马赫数的降低，需要注入的无量纲能量因子在 2.02% 的基础上略有升高。

(4) 虚拟唇口不能有效加速来流，这是其不足之处，加速来流的控制方法值得进一步研究。

第6章　激光控制激波反射结构

受第 3~5 章研究内容的启发，激光对斜激波的控制在吸气式超燃冲压发动机进气道上有更加广泛的应用。由前体构成的外压缩段和唇口到隔离段入口间的内压缩段组成，主要功能是利用迎面高速空气来流的速度冲压来压缩空气来流，为燃烧室提供一定压强、温度、速度和流量的空气。高速的来流经过进气道前缘结构，形成的斜激波相交，形成复杂的激波结构，激波反射是其中重要的现象。其中马赫反射产生了类似于正激波的马赫杆结构，气流通过马赫杆时将产生较高的总压损失，极大地降低了气流的动能，削弱了做功能力，不利于进气道性能。激光控制马赫反射结构的基本原理可描述为：在马赫反射上游特定位置注入激光能量，激光能量聚焦击穿来流产生爆炸波，爆炸波与马赫反射结构相互作用，有望降低马赫杆高度，甚至将马赫反射转变为正规反射，从而降低总压损失。

本章首先介绍了进气道双尖楔的简化构型，而后通过研究单脉冲激光能量与典型马赫反射结构的相互作用过程，揭示控制原理。以此为基础，研究了激光注入位置能量和大小这两个关键参数对控制效果的影响，提出可行控制方案，最后报道了在马赫数为 5.0 的激波风洞内得到的典型实验研究结果。

6.1　进气道双尖楔简化构型

进气道结构复杂，针对进气道发生激波反射现象，国内外学者普遍采用双尖楔简化构型来开展研究。Russell 小组在对激光注入激波反射结构进行实验研究时，采用了双尖楔简化几何结构。这是因为高超声速飞行器进气道部分，如美国的 Hyper-X(X-43) 的进气道，就存在类似的结构，如图 6.1 所示。

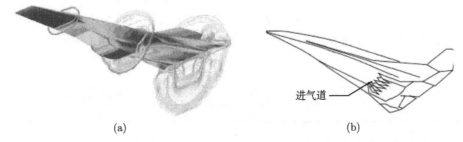

(a)   (b)

图 6.1　(a) 美国国家航空航天局 (NASA) 公布的 X-43 飞行器 CFD 模拟结果；(b) 进气道
类双尖楔结构

采用如图 6.2 所示的两个固定在平面上的双楔形结构来研究其附近的激波边界层相互作用，这种结构可以简化代表侧压缩进气道，是在 NATO (北约) 研究技术组织的标准实验构型之一。

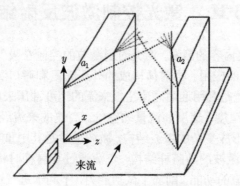

图 6.2　双尖楔简化模型

双尖楔构型是考虑在观察相交激波附近流动现象和数值验证中，为研究高速进气道有粘或无粘的复杂强激波作用现象、总压损失和热传导水平而服务的。双尖楔简化模型可以充分满足研究激波反射和控制激波反射效果的需要，国外从事激光等离子体控制激波反射结构转变的研究，为简化问题突出关键影响因素，常常采用对称双尖楔简化模型。对称双尖楔简化几何结构有利于实验研究和数值计算的实现，方便研究超声速气流流过进气道出现的马赫反射现象及其转变的控制规律，因而本书针对激光等离子体控制激波反射性能影响因素进行讨论和优化研究，同样也基于对称双尖楔的几何构型开展研究。

超声速来流条件下，激光能量沉积产生的等离子体对马赫反射结构有着明显的控制效果，且控制效果受到能量注入位置和大小的影响，在一定的区域内具有规律性。在目前的研究中，关于高超声速环境下，飞行器动力结构内复杂激波相互作用的相关研究成为广泛关注的研究热点，因而研究高超声速条件下，利用激光能量在激波反射流场中沉积从而实现主动流动控制具有重要意义。

为研究高超声速条件下，激光等离子体控制激波反射的作用效果，选取马赫数为 5 作为典型高超声速来流情况进行数值模拟，环境参数如表 6.1 所示。

表 6.1　环境参数

压强/Pa	温度/K	比热容比 (γ)
3500	120	1.38

计算采用对称双尖楔几何构型，网格关于 z 方向周期对称，投影到 x-y 平面几何构型如图 6.3 所示，来流方向为 x 轴正方向。为数值模拟时方便，网格分为

R_1、R_2 两个区，投影到 x-y 平面坐标系以 O_e 为坐标原点，在数值模拟时的激光注入位置 (x_e, y_e) 指激光注入位置投影到 x-y 平面上的对应点位置。

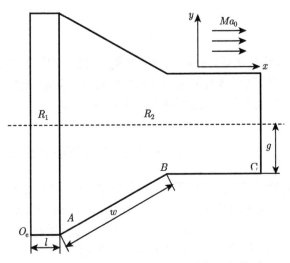

图 6.3　数值模拟采用的对称双尖楔几何构型

R_1 为预留的尖楔前端能量注入区，R_1 区在 x 方向上用长度 l 表示。R_2 区为双尖楔之间的能量注入区和激波反射结构形成区，其中尖楔斜面 AB 的长度用 w 表示，中轴线到 BC 的距离为 g。为得到稳定的马赫反射结构，参照 Ramnath 的研究，选取 l=20mm，w=25.4mm，g=0.4w，则 g=10.16mm。

为便于讨论激光能量注入位置和尖楔之间的相对位置关系，并且实现比较马赫数不同对控制效果的影响情况，考虑到双尖楔是对称的，将能量注入位置坐标 (x_e, y_e) 换算为无量纲量 (D_x, D_y)，用以表明激光能量注入位置和下尖楔的位置关系，对应转换关系为

$$D_x = \frac{x_e - l}{w} \tag{6-1}$$

$$D_y = \frac{y_e}{w} \tag{6-2}$$

易知 $D_y \geqslant 0$，D_y 越大越靠近中轴线，表明了能量注入位置和尖楔上游斜激波在 y 方向上的距离远近。

D_x 的取值区间表明了能量注入位置位于哪一区域：当 $0 \leqslant x_e < l$，$D_x < 0$ 时，表明能量注入位置位于 R_1 区域内，D_x 随着注入位置向尖楔靠近而增大；当 $x_e \geqslant l$，$D_x \geqslant 0$ 时，表明能量注入位置位于 R_2 区域内，D_x 增大表明注入位置正靠近马赫杆结构。

为便于衡量激光能量控制效果, 用 h_0 表示无能量注入时的马赫杆高度, h 表示激光能量作用后马赫杆高度, 做无量纲化处理, 定义

$$D_h = \frac{h}{h_0} \times 100\% \tag{6-3}$$

D_h 越小, 证明激光能量使马赫杆高度降低效果越明显, 控制效果越好。

采用同样的构型, 利用激波风洞和纹影系统来进行实验, 研究高超声速来流条件下激光能量沉积作用于马赫反射结构的控制效果。

6.2   脉冲激光控制激波反射结构原理

单脉冲激光能量沉积产生等离子体, 控制激波反射结构, 使马赫反射向正规反射发生转变的过程示意图如图 6.4 所示。由图 6.4(a) 可知, 来流方向从左至右, 在高超声速条件下气流经过对称双尖楔前形成两道对称斜激波, 斜激波相交形成马赫反射结构, 激光能量在对称双尖楔前端沉积。能量沉积后, 在来流的作用下向下游传播, 爆轰波相对于斜激波为弱激波, 爆轰波逐渐向外演化, 爆轰波达到斜激波表面并与之作用, 如图 6.4 (b) 所示。与此同时, 等离子体由于吸收能量形成的高温区也使斜激波受到干扰发生形变, 激波角度改变, 上下斜激波不再对称, 相交情况被影响, 形成的马赫反射结构随之变化, 最后随着激光能量的作用消失, 相互作用的过程结束, 上下斜激波恢复到原来对称的状态, 马赫杆降低。理想状况下, 马赫杆消失, 形成正规反射结构, 被稳定的正规反射结构取代, 即图 6.4(d) 所示的状态。

从国外的相关研究结果来看, 激光能量参数不同的控制效果是有差别的, 在一定的能量参数和注入位置的条件下, 才能实现马赫反射完全转变为正规反射结构。从作用过程分析可以推知, 单脉冲激光能量参数, 即激光能量大小、激光能量沉积位置对控制过程有着重要影响, 因而改变激光能量大小和注入位置, 可以实现对马赫反射转变效果的控制。

由以上原理分析可知, 包括激光能量大小、能量注入位置等在内的激光等离子体参数可能对激波反射结构的控制效果有着重要影响。为验证这一推断, 分析各因素对激波反射结构的影响情况, 在来流马赫数为 3.45 的情况下, 对不同的激光能量大小、不同的注入位置对马赫反射转变的控制效果影响进行了数值模拟。

如图 6.5 所示, 计算采用对称双尖楔结构, 网格在 z 方向是周期对称的, 投影到 x-y 平面的几何结构和边界条件如图 6.5 所示, 来流马赫数为 3.45, 对称双尖楔角度为 22°, 环境参数设置列在表中。能量沉积区域为圆柱形, 它关于 z 方向周期对称, 投影在 x-y 平面为以设定的注入位置为圆心、半径为 5mm 的圆形区

域, z 方向长度为 40mm, 能量注入位置用坐标 (x_e, y_e) 表示。计算初始来流条件见表 6.2。

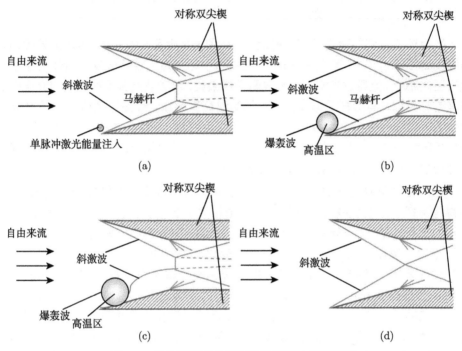

图 6.4 激光等离子体控制马赫反射转变示意图

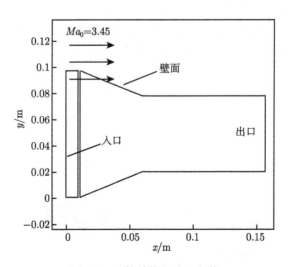

图 6.5 网格结构和边界条件

表 6.2　环境参数

Ma_0	压强/Pa	温度/K	比热容比 (γ)
3.45	3500	120	1.38

　　数值模拟得到的稳定马赫反射流场, 如图 6.6 所示, 其中 (a) 为压强云图, (b) 为温度云图, (c) 为密度云图, (d) 为总压云图, (e) 为压强等值线图, (f) 为密度梯度云图。高速气流通过尖楔折角形成两道斜激波, 斜激波及其反射激波相交作用形成马赫杆结构, 马赫杆后形成大面积的高温高压区域, 最高温度达 396K, 压强最高值为 4.99×10^5Pa, 高密度区分布在马赫杆后两侧, 密度值最高为 6.14kg/m³, 马赫杆后区域是低总压区, 总压损失达 78.1%。密度梯度图显示流场在斜激波及其相交形成的马赫反射结构, 密度发生剧烈变化。

　　在两道斜激波之一的上游注入激光能量, 可以改变斜激波相交作用的情况, 使得马赫杆高度发生变化, 马赫杆后流场相关参数也发生改变。由图 6.7(a)∼(d) 所示的激光能量注入马赫反射流场并使之完全转变为正规反射的演化过程中, 压强、密度、温度、马赫数发生的一系列变化, 可以直观地看出激光能量注入流场产生的等离子体控制马赫反射发生结构转变具体作用过程。其中时间分别为 $t=10\mu s$、$30\mu s$、$100\mu s$, (a) 为压强云图, (b) 为密度云图, (c) 为温度云图, (d) 为马赫数云图, (e) 为密度梯度云图。激光能量瞬时沉积产生高压、高密度、高温的等离子体, 这一区域对局部气体加温加压, 局部产生的高温区使该区域局部马赫数降低, 在爆轰波传播过程中对上游斜激波的结构产生很大影响, 直至爆轰波传播至马赫杆结构处, 大大影响了上游斜激波的相交角度, 伴随马赫杆的消失, 马赫杆下游的局部高温、低马赫数区域消失, 反射结构从马赫反射完全转变为正规反射结构。随着正规反射形成并且稳定下来, 反射结构下游的流场性质和参数较之能量注入前发生了明显的变化, 反射结构下游高压区范围减小, 最高温度由原来的 396K 降

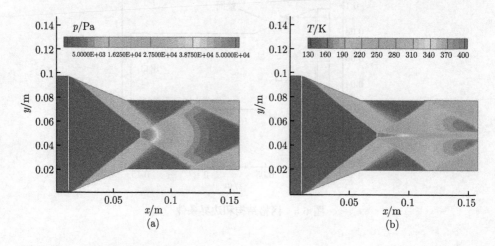

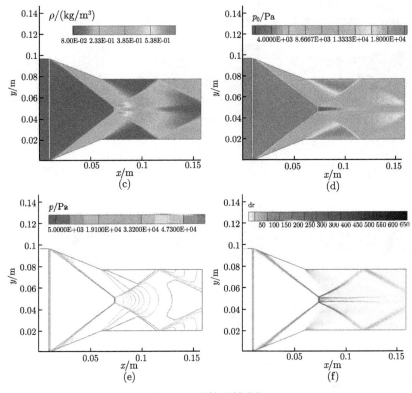

图 6.6 马赫反射流场

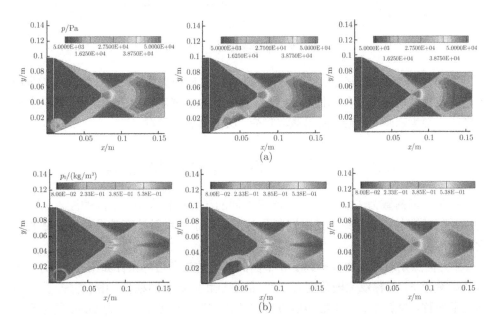

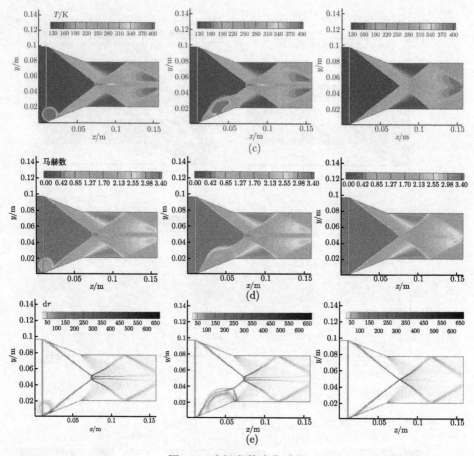

图 6.7　流场参数演化过程

低至 306K，马赫数最低值也由 0.2 升高到 1.3，总压损失为 64.9%，较注入能量前的马赫反射结构总压损失降低了 13.2%。图 6.7(e) 的密度梯度云图显示，爆轰波对密度产生很大影响，导致上游斜激波形变，改变其相交情况。

6.3　关键参数对反射结构控制的影响

在来流马赫数为 5 的情况下，研究不同的激光能量大小，不同的注入位置对马赫反射转变的控制效果，找出控制马赫反射向正规反射转变效果最好的激光能量和注入位置。

z 方向周期对称网格投影到 x-y 平面的几何结构和边界条件如图 6.8 所示，来流马赫数为 5，对称双尖楔角度为 27°。能量沉积区域为圆柱形，由于它关于 z 方向周期对称，投影在 x-y 平面为以设定的注入位置为圆心、半径为 2mm 的圆形区域，z 方向长度为 3mm，如图 6.8 所示。

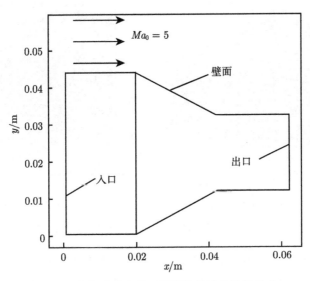

图 6.8　高超声速条件下的网格结构和边界条件

6.3.1　激光注入位置对控制效果的影响

为讨论能量注入位置对控制效果的影响，数值模拟采用的单脉冲激光能量大小为 50mJ。在能量大小一定的情况下，讨论能量注入位置 (D_x, D_y) 变化时，对马赫反射控制效果的影响。

1. D_y 对控制效果的影响

取 $D_x = -0.18$ 保持不变时，D_y 变化对马赫杆高度的控制效果会产生影响。如图 6.9 所示。当 D_y=0.1 时，D_h=79.4%，而当 D_y=0.5 时，D_h=95.3%。由总压云图也可以直观地看出当 D_y=0.5 时，马赫杆后的高总压区也较 D_y=0.1 时面积大。由此可见在马赫数为 5 的来流条件下，激光能量对马赫反射结构有影响，并且当 D_y 变化时，控制效果不同。说明在激光能量与尖楔形成的上游斜激波的纵向远近对控制效果存在着一定影响。

为找出激光能量大小和注入位置 D_x 一定时，纵坐标 y_e 变化对控制效果的影响情况，数值模拟了 $D_x = -0.18$，D_y 分别为 0.1、0.2、0.3、0.4、0.5 的能量注入位置，单脉冲激光能量对马赫反射流场的影响。由于网格关于 z 方向周期对称，选取 z=0mm 平面，马赫杆后 x=47.2mm 处，以 D_y 分别为 0.2、0.3、0.4 为例绘制曲线，比较能量注入位置沿 y 方向变化给马赫杆后流场参数带来的影响。

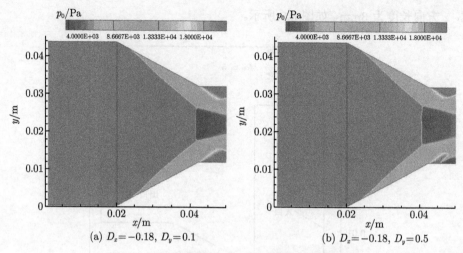

(a) $D_x=-0.18$, $D_y=0.1$ (b) $D_x=-0.18$, $D_y=0.5$

图 6.9 不同位置注入 50mJ 能量总压云图比较

从图 6.10 可以看出当 D_y 变化时，马赫杆后各参数呈现规律性变化。在能量没有注入流场时，马赫杆后 $x=47.2$mm 处，密度随着 y 增大成轴对称分布，激光能量注入后，随着注入位置 D_y 增大而变宽，在 $D_y=0.1$ 时高密度峰值降低了。压强分布波动不大，但随着注入位置 D_y 增大，高压强区的纵向宽度也随之增大，高压区压强最高值增大了。图 6.10(c) 描述了温度变化情况，而且同样随着能量注入位置纵坐标的增大，高温区纵向宽度减小显著。图 6.10(d) 表示注入能量后的速度变化情况，无能量注入时速度最低值为 205.8m/s，能量注入后低速区随着 D_y 减小越来越窄，但是速度的最低值越来越低，最低达到了 152.6m/s。随着 D_y 增大，低速区的纵向宽度也随着纵坐标值的减小明显变窄。图 6.10(e) 和 (f) 分别显示了总压和马赫数的变化情况。同样地，能量的注入使得纵向宽度随着注入位置的纵坐标减小而减小。

2. D_x 对控制效果的影响

取 $D_y=0.1$ 保持不变时，讨论 D_x 变化对马赫杆高度控制效果的影响。如图 6.11 所示。当 $D_x=-0.18$ 时，流场稳定后 $D_h=79.4\%$，而当 $D_x=0.02$ 时，马赫杆高度 $D_h=93.7\%$。由总压云图也可以直观地看出当 $D_y=0.5$ 时，马赫杆后的高总压区也较 $D_y=0.1$ 时面积大。由此可见 D_x 变化时，控制效果不同，即在激光能量注入位置与尖楔尖端横向距离对控制效果存在着一定影响。

由马赫数为 3.45 的数值模拟结果可知，注入位置在尖楔尖端处控制效果较为明显，因而为找出马赫数为 5，激光能量大小和注入位置 D_y 一定时，D_x 变化对控制效果的影响情况，数值模拟了位于双尖楔尖端附近 $D_x=-0.38$、-0.28、-0.18、-0.08、

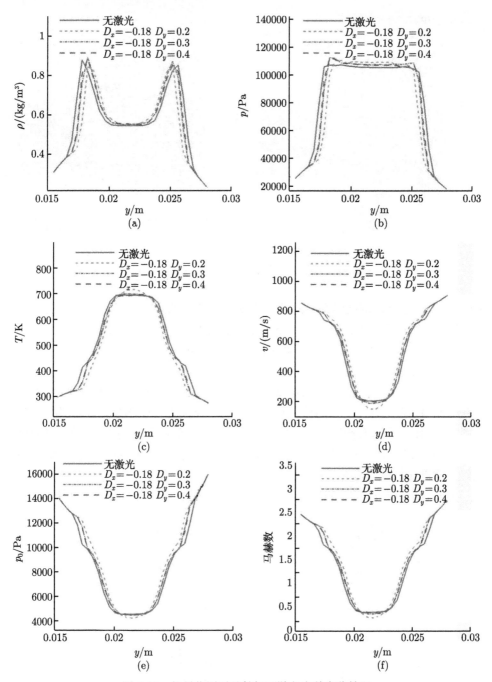

图 6.10 能量作用后马赫杆下游各参数变化情况

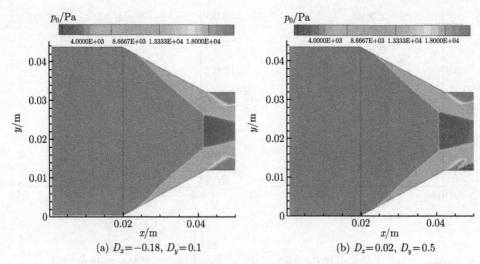

(a) $D_x=-0.18$, $D_y=0.1$ (b) $D_x=0.02$, $D_y=0.5$

图 6.11   不同位置注入 50mJ 能量总压云图比较

0.02，$D_y=0.1$ 的单脉冲激光注入位置对马赫反射流场的影响情况。利用网格在 z 方向周期对称的性质，同样选取 $z=0$mm 平面，绘制 $D_x = -0.38$、-0.28、-0.18、-0.08、0.02，马赫杆下游 (在网格 x-y 投影平面上 $x=47.2$mm 的位置) 处流场参数变化曲线，如图 6.12 所示。

激光能量注入后，随着注入位置 D_x 增大，高温高压区、低速低密度区参数分布纵向宽度也随之增大，而这些区域的最值并不是随着 D_x 的变化而单调变化的。以图 6.12(d) 所示速度变化情况为例，能量注入后低速区不仅随着 D_x 减小越来越窄，在 $D_x=0.02$ 时，速度也达到了三种注入位置中的速度最低值 146.7m/s，为该位置无能量注入流场时的 71.3%。

图 6.12(e) 和 (f) 显示的总压和马赫数变化情况也符合类似的变化规律，D_x 越

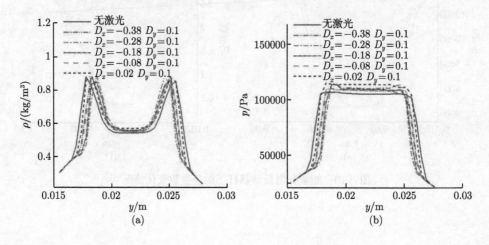

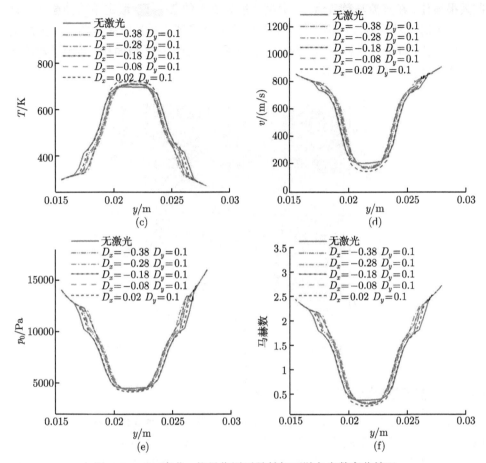

图 6.12　D_x 变化，能量作用后马赫杆下游各参数变化情况

小时，低马赫数、高总压损失的区域纵向宽度越小。由此可见，在来流马赫数为 5 的情况下，能量注入位置最好选取在尖楔前端适当较远处控制效果较好，这样保证在能产生有效控制效果的前提下使 D_x 较小，能够更有效地降低马赫杆高度和马赫杆后流场参数剧烈变化的区域宽度。

3. 50mJ 能量注入流场位置 (D_x, D_y) 不同对马赫反射控制效果的影响

绘制 D_h 与注入位置 (D_x, D_y) 的关系拟合曲面，如图 6.13 所示。D_x 较小，表明激光能量注入位置位于尖楔尖端前部适当较远处；D_y 越小，表明注入位置与尖楔上游斜激波接近。由图 6.13 可以直观地看出，D_x、D_y 越小，D_h 值越小，即控制效果越好。这与马赫数为 3.45 的情况是一致的，即在单脉冲能量大小取定的情况下，注入位置取横向距尖楔尖端适当较远，纵向又靠近上游斜激波结构时，控

制效果最佳。在来流马赫数为 5、尖楔角度为 27° 的条件下，取定单脉冲激光能量为 50mJ 对马赫反射流场进行控制，虽然没能够实现马赫反射完全转化为正规反射，但实现了降低马赫杆高度、减小马赫杆后高总压损失区域面积，实现了对流场各参数的优化，达到了控制目的。

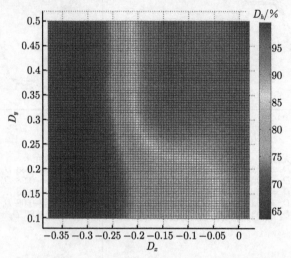

图 6.13　马赫数为 5 时激光能量注入位置与 D_h 的变化关系

6.3.2　激光能量大小对控制效果的影响

取 $D_x = -0.18$，$D_y = 0.1$ 为激光能量注入位置，研究激光能量在 30～170mJ 范围变化时，对马赫反射转变控制效果的影响。选取 30mJ、50mJ、70mJ、90mJ 为例绘制马赫杆后 $x=47.2$mm 处各参数沿纵方向即 y 坐标的变化曲线。对比能量没有注入流场时，两侧高密度之间宽度有所减小，马赫杆后高压高温度区、低速低总压低马赫数的区域纵向宽度都较原流场有减小。

如图 6.14 所示，所有能量取值均未实现马赫反射完全转变为正规反射。当能量为 30mJ 时控制效果较其他能量时明显，D_h 为 79.4%。50mJ 时控制效果与 30mJ 区别不明显，D_h 为 81%。由图 6.14 可知，单脉冲能量为 30mJ 时控制效果最好，而当能量再增加时，控制马赫反射的效果却有所减弱。由此可见，在利用激光等离子体作用于马赫反射流场控制其结构的过程中，对于一定的能量注入位置（D_x，D_y），并不是单脉冲的能量越大效果越好。

图 6.15 表示的是注入位置和能量均发生变化时对控制效果的影响情况。

从图 6.15 (a) 可以看出 $D_y=0.1$，D_x 不同，激光能量在 30～170mJ 范围变化时，降低了马赫杆效果。从曲线来看，在 $D_y=0.1$ 时，马赫杆降低效果都随着能量的增大而减小。$D_y=0.1$ 不变，当 D_x 增大时，马赫杆总体降低幅度减小，也就是

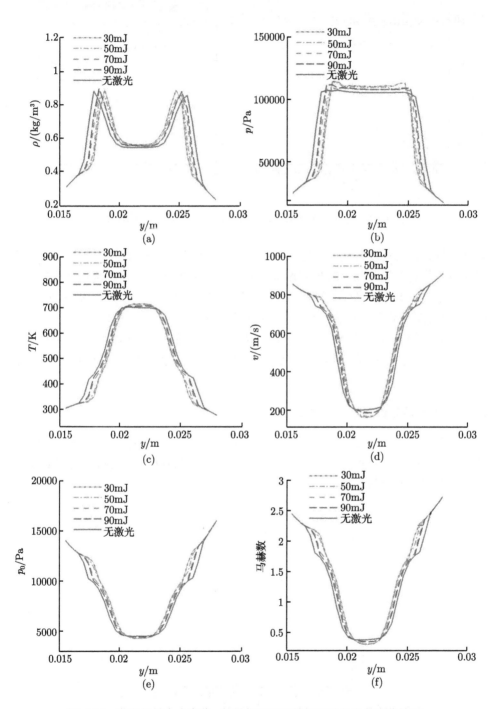

图 6.14 激光能量大小变化，能量作用后马赫杆下游各参数变化情况

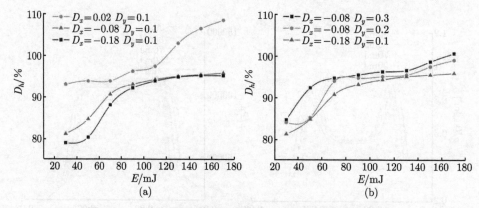

图 6.15 注入位置和激光能量变化时对控制效果的影响情况

说 D_x 越大，控制效果反而不好。图 6.15(b) 表示了 $D_x = -0.08$，D_y 变化时，激光能量变化对降低马赫杆效果的影响。在 $D_x = -0.08$ 时，马赫杆降低效果都随着能量的增大而减小。当 D_y 坐标增大时，马赫杆总体降低幅度减小，也就是说 D_y 越小，控制效果越好。综合结论可知，能量注入位置横向上位于尖楔尖端前方、能够产生有效控制效果的适当较远位置，纵向上离马赫反射结构上游斜激波尽量接近，控制效果总体最好。在马赫数为 5 的来流条件下，能量取值较低时控制效果反而好。

6.3.3 来流马赫数对控制效果的影响

如图 6.16 所示，取同一个能量注入位置 $D_x = -0.08$，$D_y = 0.1$，比较不同马赫数时，控制效果随能量变化情况还可以得出，马赫数越低，欲达到控制效果最佳，单脉冲激光能量取值越低。

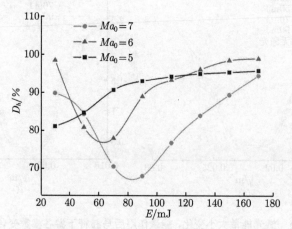

图 6.16 能量大小变化时，来流马赫数不同控制效果比较

图 6.17 为不同马赫数条件下，激光位置的改变对马赫杆高度的影响规律，从中可以看出，随着马赫数的提高，在相同能量注入位置条件下降低马赫杆的效果更加显著。

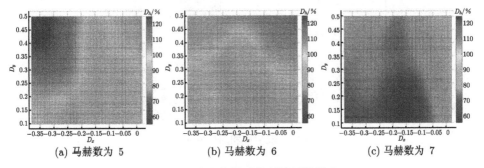

(a) 马赫数为 5 (b) 马赫数为 6 (c) 马赫数为 7

图 6.17　注入位置对控制效果的影响

6.4　实验研究结果

由数值模拟结果可知，当激光能量注入位置和能量大小发生变化时，就能出现对马赫杆高度的不同控制效果。利用激波风洞和纹影系统来对激光能量注入马赫反射流场，对马赫反射的控制情况进行实验研究，加深对激波反射结构以及利用激光能量注入流场控制马赫反射情况的认识。

根据激波风洞的来流条件计算设计模型的尺寸，用实验来验证激光能量注入流场是否能够对激波反射产生控制效果。本实验中利用拉法尔喷管的构型来控制来流，使激波风洞的来流马赫数为 5.0，实验件尖楔角度为 23°，斜面长 w 为 38.4mm，真空舱内安装完毕的双尖楔如图 6.18 所示。如图 6.19 中改变不同的 d 值和 l 值，即改变了激光能量注入位置，在本次实验中，L =60mm，g=2mm。

图 6.18　真空舱内安装完毕的双尖楔

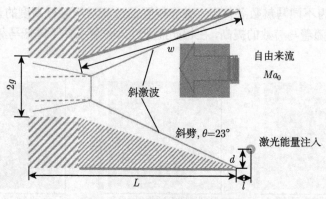

图 6.19   双尖楔相对位置示意图

从实验拍摄到的纹影照片图 6.20 可以清晰地看到, 高超声速来流经过设计的双尖楔试验件形成两道斜激波, 斜激波相交形成了正规反射和马赫反射两种激波反射结构。这是由于所采用的对称双尖楔角度为 23°, 在来流马赫数为 5 的条件下位于反射平面的双解区, 可能出现正规反射, 也可能出现马赫反射结构, 实验结果与激波反射平面存在双解区域的理论相一致。

 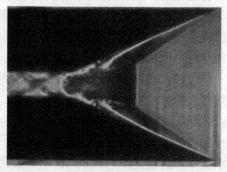

(a) 正规反射结构   (b) 马赫反射结构

图 6.20   实验得到的激波反射结构纹影结果

当激光能量经由激光加注系统, 在下尖楔尖端前聚焦, 实验搭建的纹影系统可以清晰地拍摄到激光能量击穿空气产生的爆轰波的传播情况。当爆轰波波面到达斜激波与之相互作用, 就会使斜激波产生形变, 对斜激波相交角度产生一定的影响, 如图 6.21 所示的激光能量作用于马赫反射结构的情况拍摄到的就是这一过程。

实验拍摄到了清晰的正规反射和马赫反射结构、激光能量注入流场产生爆轰波并传播的过程及其与斜激波的作用过程, 证明实验方法是可以满足研究激波反射的要求, 但是实验没能够得到较为明显的马赫杆降低的结果。

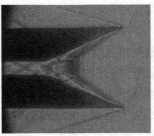

图 6.21　激光能量注入马赫反射流场演化纹影结果

　　分析其原因，主要是研究问题本身的特点和实验条件的局限性：首先，马赫反射受到激光等离子体影响发生变化的过程很快，对时序设计要求很高，要求系统反应要快，否则捕捉不到流场演化过程；实验采用的试验件在 z 方向上具有一定宽度，而激光能量聚焦在尖楔前端靠近风洞窗口的一侧，而纹影拍摄到的是在 z 方向上流场的积分，该方向上的信息叠加使得直观上能量的作用效果并不明显；另外，实验中激光能量聚焦后能否成功击穿空气受到激光器本身参数和实验光路的影响，激光能量吸收率较低，光路调节难度较大；由于讨论的条件位于双解区，所以实验更加困难。

　　因此，结合国外实验经验，实验研究在原有系统基础上，通过改善能量注入系统的光路等手段来增大激光能量的吸收率，将有利于实验研究激光能量作用于马赫反射流场产生的效果衡量。

6.5　小　　　结

　　(1) 激光能量能有效控制激波反射结构转变。可以实现激光能量与稳定的马赫反射流场作用从而改善马赫杆下游流场各参数，这说明激光能量可以有效地控制马赫反射结构。

　　(2) 在马赫数为 5 的高超声速来流条件下，能量注入位置和单脉冲激光能量大小会对激光等离子体控制马赫反射效果产生重要影响。数值模拟结果表明：在能量大小不变的条件下，存在一个使控制效果最佳的能量注入位置，在这个位置诸如激光能量使得马赫杆后流场参数变化幅度更为剧烈，马赫杆降低最为明显，虽未实现马赫反射向正规反射的完全转变，但也使马赫杆降低、马赫杆下游低马赫数、低总压区的纵向宽度大大减小，马赫数不同，最优控制位置略有不同，但都位于横向上距离尖楔间断适当较远的、纵向上尽量靠近尖楔的位置；在取定能量注入位置，变化单脉冲激光能量时，存在使控制效果最佳的单脉冲激光能量大小，而不是能量越大越好；综合考虑位置和能量大小的影响时，比较曲线得出，总体上，激光注入位置越靠近最优位置，在取不同大小的能量时，控制效果较好，而考虑位置和最优控制能量大小区间的关系时结论与超声速的情况基本一致，那就是能量注入位置纵向上越靠近尖楔，达到最优控制效果所需的能量值越大。

(3) 马赫数不同，利用数值模拟方法，研究比较能量注入位置和单脉冲激光能量大小对马赫反射控制效果影响有何异同。取 90mJ 激光能量一定时，将注入位置和马赫杆降低程度拟合成曲面进行比较，发现马赫数不同，最优注入位置都出现在横向上距离尖楔尖端适当较远、纵向上尽量靠近尖楔的位置，但是具体位置有所不同，随着马赫数减小，在横向上这个最优的能量注入位置更加远离尖楔尖端；当取定能量注入位置时，马赫数越大，达到最优控制效果的能量越小。

参 考 文 献

[1] Wieting A R. Shock interference heating in scramjet engines. AIAA 2nd International Aerospace Planes Conference, Orlando, FL. AIAA 1990, 5238.

[2] 杜海. 等离子体流动控制技术及其在飞行器上的应用研究. 南京航空航天大学硕士学位论文, 2012.

[3] Anderson J D. Fundamentals of Aerodynamics. 4th ed. New York: McGraw-Hill Education, 2007.

[4] O'Brien W F. Ramjet and Scramjet Ramjet and Scramjet Cycle Analysis. National Institute of Aerospace, NASA. Hypersonic Educational Initiative, 2007.

[5] Miles R B, Macheret S O, Shneider M N, et al. Plasma-enhanced hypersonic performance enabled by MHD power extraction. 43rd AIAA Aerospace Sciences Meeting and Exhibit. Reno, Nevada, AIAA, 2005, 0561.

[6] Knight D, Kuchinskiy V, Kuranov A, et al. Survey of aerodynamic flow control at high speed by energy deposition. 41st AIAA Aerospace Sciences Meeting and Exhibit, Reno, NV. AIAA, 2003, 0525.

[7] van Wie D M, Nedungadi A. Plasma aerodynamic flow control for hypersonic inlets. 40th AIAA Joint Propulsion Conference, Fort Lauderdale, Florida, AIAA, 2004, 4129.

[8] Oliveira C, Minucci M A S, Toro P G P, et al. Bow shock wave mitigation by laser-plasma energy addition in hypersonic flow. Journal of Spacecraft and rockets, 2008, 45(5): 921-927.

[9] Georgievsky P Y, Levin V A, Sutyrin O G. Front separation regions initiated by upstream energy deposition. AIAA Paper, 2008, 1335.

[10] Yuriev A S, Pirogov S Y, Savischenko N P, et al. Numerical and experimental investigation of pulse-repetitive energy release upstream body under supersonic flow. AIAA Paper, 2002, 2730.

[11] Guvernyuk S V, Samoilov A B. Control of supersonic flow around bodies by means of a pulsed heat source. Technical Physics Letters, 1997, 23(5): 333-336.

[12] Schulein E, Zheltovodov A A, Pimonov E A, et al. Study of the bow shock interaction with laser-pulse-heated air bubbles. AIAA Paper, 2009, 3568.

[13] Kremeyer K, Sebastian K, Shu C W. Computational study of shock mitigation and drag reduction by pulsed energy lines. AIAA Journal, 2006, 44(8): 1720-1731.

[14] Kandala R, Candler G V. Numerical studies of laser-induced energy deposition for supersonic flow control. AIAA Paper, 2003, 1052.

[15] Schulein E, Zheltovodov A A. Effects of localized flow heating by DC-arc discharge ahead of non-slender bodies. AIAA Paper, 2009, 7346.

[16] Riggins D, Nelson H F, Johnson E. Blunt-body wave drag reduction using focused energy deposition. AIAA 8th International Space Planes and Hypersonic Systems and Technology Conference. VA, Norfolk, AIAA, 1998, 27875.

[17] Taguchi S, Ohnishi N, Furudate M, et al. Numerical analysis of drag reduction for supersonic blunt body by pulse energy deposition. AIAA Paper, 2007, 1235.

[18] Riggins D W, Nelson H F, Johnson E. Blunt-body wave drag reduction using focused energy deposition. AIAA Journal, 1999, 37(4):460-467.

[19] Myrabo L N, Raizer Y P, Shneider M N. Drag and total power reduction for artificial heat input in front of hypersonic blunt body. Beamed Energy Propulsion: Third International Symposium on Beamed Energy Propulsion, 2005, 485-498.

[20] Sasoh A, Sekiya Y, Sakai T, et al. Drag reduction of blunt body in a supersonic flow with laser energy depositions. AIAA Paper, 2009, 1533.

[21] Mori K, Sasoh A. Experiments of laser-pulse-induced drag modulation in supersonic flow. AIAA Paper, 2006, 3569.

[22] Kim J H, Matsuda A, Sakai T, et al. Drag reduction with high-frequency repetitive side-on laser pulse energy depositions. AIAA Paper, 2010, 5104.

[23] Kim J H, Matsuda A, Sakai T, et al. Wave drag reduction with acting spike induced by laser-pulse energy. AIAA Journal, 2011, 49(9): 2076-2078.

[24] Sasoh A, Sekiya Y, Sakai T, et al. Supersonic drag reduction with repetitive laser pulses through a blunt body. AIAA Paper, 2009, 3585.

[25] Sasoh A, Sekiya Y, Sakai T, et al. Wave drag reduction over a blunt nose with repetitive laser energy depositions. AIAA Journal, 2010, 48(12): 2811-2817.

[26] Misiewicz C, Myrabo L N, Shneider M N. Combined experimental and numerical investigation of electric-arc airspikes for blunt body at mach 3. Proceeding of 3rd International Symposium on Beamed Energy Propulsion, 2005, 528-541.

[27] Sakai T, Sekiya Y, Rosli M R B, et al. Unsteady interaction of blunt bodies with laser induced plasma in a supersonic flow. AIAA Paper, 2008, 3794.

[28] Sakai T. Supersonic drag performance of truncated cones with repetitive energy depositions. International Journal of Aerospace Innovations, 2009, 1(1): 31-43.

[29] Erdem E, Yang L, Kontis K. Drag reduction by energy deposition in hypersonic flows. 16th AIAA/DLR/DGLR International Space Planes and Hypersonic Systems and Technologies Conference, AIAA, 2009, 7347.

[30] Erdem E, Yang L, Kontis K. Drag reduction studies by steady energy deposition at Mach 5. 49th AIAA Aerospace Sciences Meeting including the New Horizons Forum and Aerospace Exposition, Orlando, Florida, AIAA, 2011, 1027.

[31] Yang L, Erdem E, Zare-Behtash H, et al. Single pulse laser energy deposition in quiescent air and hypersonic flows. 18th AIAA/3AF International Space Planes and Hypersonic Systems and Technologies Conference, Tours, France. AIAA, 2012, 5870.

[32] Sperber D, Schmid F, Eckel H A, et al. Wave drag reduction of blunt bodies using laser sustained energy deposition in argon atmosphere. 6th AIAA Flow Control Conference, New Orleans, Louisiana. AIAA, 2012, 2815.

[33] Fang J, Hong Y J, Li Q, et al. Effect of high-repetition rate laser energy deposition on the wave drag of a blunt body in hypersonic flow. Lasers in Engineering, 2011, 21(3-4): 169-180.

[34] 方娟, 洪延姬, 黄辉, 等. 点火位置对激光等离子体减阻效能的影响. 强激光与粒子束, 2010, 22(9): 2059-2062.

[35] 方娟, 洪延姬, 李倩, 等. 高重复频率激光能量沉积减小超声速波阻的数值研究. 强激光与粒子束, 2011, 23(5): 1158-1162.

[36] Fang J, Hong Y J, Li Q. Numerical analysis of interaction between single pulse laser-induced plasma and bow shock in a supersonic flow. Plasma Science and Technology, 2012: 14(8): 741-746.

[37] 方娟, 洪延姬, 李倩. 单脉冲激光能量沉积对超声速钝头体波阻的影响. 光电子·激光, 2012, 23(6): 1057-1062.

[38] 王殿恺, 洪延姬, 李倩. 激光能量沉积降低钝头体驻点压力机制分析. 推进技术, 2014, 35(2): 172-177.

[39] Edney B. Anomalous heat transfer and pressure distributions on blunt bodies at hypersonic speeds in the presence of an impinging shock. Aeronautical Research Inst. of Sweden, FFA Rept. 115, Stockholm, Feb., 1968.

[40] Wieting A R, Michael S H. Experimental shock-wave interference heating on a cylinder at Mach 6 and 8. AIAA Journal, 1989, 27(11): 1557-1565.

[41] Wieting A R. Multiple shock-shock interference on a cylindrical leading edge. AIAA, 1992, 30(8): 2073-2079.

[42] Klopfer G H, Yee H C, Kutler P. Numerical study of unsteady viscous hypersonic blunt body flows with an impinging shock. NASA-TM-100096, 1988.

[43] Lind C A, Lewis M J. A numerical study of the unsteady processes associated with the type IV shock interaction. AIAA, 1993, 2479.

[44] Kogan M, Ivanov D, Shapiro E, et al. Local heat supply influence on a flow over a sphere. 38th Aerospace Sciences Meeting & Exhibit, Reno, NV, AIAA, 2000, 0209.

[45] Kogan M N, Starodubtsev M A. Reduction of peak heat fluxes by supplying heat to the free stream. Fluid Dynamics, 2003, 38(1):115-125.

[46] Gaitonde D V, Miller J H. Numerical exploration of shock interaction control with plasma-based techniques. 34th AIAA Plasma dynamics and Lasers Conference. Orlando, Florida: American Institute of Aeronautics and Astronautics, AIAA, 2003, 3483.

[47]   Adelgren R G. Localized flow control with energy deposition. The Department of the
        Air Force, CI02-798, 2002.

[48]   Adelgren R G, Elliott G, Knight D, et al. Energy deposition in supersonic flows. 39th
        AIAA Aerospace Sciences Meeting& Exhibit, Reno, Nevada, AIAA Paper, 2001, 0885.

[49]   Adelgren R G, Yan H, Elliott G, et al. Localized flow control by laser energy deposition
        applied to edney IV shock impingement and intersecting shocks. AIAA, 2003, 0031.

[50]   Knight D, Adelgren R G, Elliott G, et al. Local control of supersonic flows using laser
        energy deposition. Euromech 440, Marseilles, France, September 2002.

[51]   Kandala R, Candler G V. Numerical studies of laser-induced energy deposition for
        supersonic flow control. AIAA Journal, 2004, 42(11): 2266-2275.

[52]   Yan H, Adelgren R, Elliott G, et al. Effect of energy addition on MR→RR transition.
        Shock Waves, 2003, 13:113-121.

[53]   Yan H, Gaitonde D. Control of edney IV interaction by energy pulse. 44th Aerospace
        Sciences Meeting and Exhibit, Nevada. AIAA, 2006, 0562.

[54]   Yan H, Knight D, Kandala R, et al. Control of normal shock by a single laser pulse.
        2nd AIAA Flow Control Conference, Portland, AIAA, 2004, 2126.

[55]   Yan H, Adelgren R, Boguszko M, et al. Laser energy deposition in quiescent air. 41st
        Aerospace Sciences Meeting and Exhibit, Reno, Nevada. AIAA, 2003, 1051.

[56]   严红, 王松. 等压比热在基于壁面放电的激波控制中的影响. 力学学报, 2015, 47(1): 51-60.

[57]   邓小刚, 张涵信. 粘性高超声速激波–激波碰撞的计算和分析. 空气动力学学报, 1994,
        12(1): 1-7.

[58]   阎超, 涂正光, 于晓红, 等. 激波碰撞干扰流动非定常效应的数值研究. 北京航空航天大学
        学报. 2003, 29(3): 214-217.

[59]   田正雨, 李桦, 范晓樯. 六类高超声速激波–激波干扰的数值模拟研究. 空气动力学学报,
        2004, 22(3): 361-364.

[60]   田正雨, 李桦, 范晓樯. 非定常IV型激波–激波干扰数值模拟研究. 力学学报, 2004, 36(1):
        94-100.

[61]   潘沙, 田正雨, 冯定华, 等. 超燃冲压发动机唇口气动热计算研究与分析. 航空动力学报,
        2009, 24(9): 2096-2100.

[62]   Macheret S O, Shneider M N, Miles R B. Scramjet inlet control by off-body energy
        addition: a virtual cow, AIAA, 2003, 0032.

[63]   金志光, 张堃元. 宽马赫数范围高超声速进气道转动唇口变几何方案研究. 航空动力学报,
        2010, 7, 1553-1560.

[64]   潘瑾, 张堃元. 移动唇口变收缩比侧压式进气道反压特性和自起动性能. 航空动力学报,
        2009, 24(1): 104-109.

[65]   潘瑾, 张堃元. 可变内收缩比侧压式进气道自起动性能. 推进技术, 2007, 28(3): 278-281.

[66]   Takayuki K, Nobuhiro T, Tetsuya S, et al. Development study on axisymmetric air
        inlet for ATREX engine. 10th International Space Planes and Hypersonic Systems and

Technologies Conference, Kyoto: AIAA Paper, 2001, 1895.

[67] Yusuke M, Nobuhiro T, Tetsuya S, et al. Multi-row disk arrangement concept for spike of axisymmetric air inlet. 40th AIAA/ASME/SAE/ASEE Joint Propulsion Conference and Exhibit, Fort Lauderdale: AIAA Paper, 2004, 3407.

[68] 李程鸿, 谭慧俊, 孙姝, 等. 流体式高超声速可调进气道流动机理及工作特性分析. 宇航学报, 2011, 32(12): 2613-2621.

[69] Shneider M N, Macheret S O, Zaidi S H, et al. Steady and unsteady supersonic flow control with energy addition. 34th AIAA Plasmadynamics and Lasers Conference, Orlando, Florida. AIAA, 2003, 3862.

[70] Macheret S O, Shneider M N, Miles R B, et al. Scramjet inlet control by off-body energy addition and MHD deceleration. Moscow. 5th Int. Workshop on Magneto-Plasma Aerodynamics for Aerospace Applications, 2003, 32.

[71] Shneider M N, Macheret S O. Modeling of plasma virtual shape control of ram/scramjet inlet and isolator. Portland Oregon. Plasma dynamics and Lasers Conference in Portland, Oregon, AIAA, 2004, 2940.

[72] Shneider M N, Macheret S O. Modeling of plasma virtual shape control of ram/scramjet inlet and isolator. Joutnal of Propulsion and Power, 2006, 22(2): 447-454.

[73] Shneider M N, Macheret S O, Zaidi S H, et al. Virtual shapes in supersonic flow control with energy addition. Journal of Propulsion and Power, 2008, 24(5): 900-915.

[74] Miles R B, Macheret S O, Martinelli L. Plasma control of shock waves in aerodynamics and sonic boom mitigation. 32nd AIAA Plasmadynamics and Lasers Conference. AIAA, 2001, 3062.

[75] Macheret S O, Shneider M N, Miles R B. Optimum performance of electron beam driven MHD generators for scramjet inlet control. 34th AIAA Plasadynamics and Lasers Conference, Orlando, Florida. AIAA, 2003, 3763.

[76] Leonov S, Bityurin V, Savelkin K, et al. Progress in investigation for plasma control of duct-driven flows. 41st Aerospace Sciences Meeting and Exhibit, Reno, Nevada, AIAA, 2003, 0699.

[77] Leonov S, Bityurin V, Savelkin K, et al. The features of electro-discharge plasma control of high-speed gas flows. 33rd Plasmadynamics and Lasers Conference, Maui, Hawaii, AIAA, 2002, 2180.

[78] Leonov S, Firsov A A, Yarantsev D A, et al. Active steering of shock waves in compression ramp by nonuniform plasma. AIAA, 2010, 260.

[79] Leonov S, Firsov A A, Yarantsev D A. Plasma effect on shocks configuration in compression ramp. AIAA, 2011, 2362.

[80] Chang J T, Bao W, Yu D, et al. Hypersonic inlet control with pulse periodic energy addition. Proceedings of the Institution of Mechanical Engineers, Part G: Journal of Aerospace Engineering, 2009, 223: 85-94.

[81] Leonov S, Bityurin V. Hypersonic/supersonic flow control by electro-discharge plasma application. AIAA, 2002, 5209.

[82] Zaidi S H, Smith T, Macheret S, et al. Snowplow surface discharge in magnetic field for high speed boundary Layer Control. 44th AIAA Aerospace Science Meeting and Exhibit, Reno, Nevada, AIAA, 2006, 1006.

[83] Kalra C S, Zaidi S H, Shneider M N, et al. Shockwave induced turbulent boundary layer separation control with plasma actuators. AIAA, 2009, 1002.

[84] Atkinson M, Poggie J, Camberos J. Numerical investigation of oblique shock-wave/ turbulent boundary-layer interaction control using plasma actuators. AIAA, 2011, 3427.

[85] Kalra C S, Zaidi S H, Alderman B J, et al. Non-thermal control of shock-wave induced boundary layer separation using magneto-hydrodynamics. AIAA, 2007, 4138.

[86] 毛枚良, 邓小刚, 向大平. 辉光放电等离子体对边界层流动控制的机理研究. 空气动力学学报, 2006, 24(3): 269-274.

[87] 王健, 李应红, 程邦勤, 等. 等离子体气动激励控制激波的实验研究. 航空学报, 2009, 30(8): 1374-1379.

[88] Li Y, Wang J, Wang C, et al. Properties of surface arc discharge in a supersonic airflow. Plasma Sources Science and Technology, 2010, 19(2): 025016.

[89] Li Y, Wu Y, Zhou M, et al. Control of the corner separation in a compressor cascade by steady and unsteady plasma aerodynamic actuation. Experiments in Fluids, 2010, 48(6): 1015-1023.

[90] Wu Y, Li Y, Jia M, et al. Influence of operating pressure on surface dielectric barrier discharge plasma aerodynamic actuation characteristics. Applied Physics Letters, 2008, 93(3): 031503.

[91] Wang J, Li Y, Xing F. Investigation on oblique shock wave control by arcdischarge plasma in supersonic air flow. Journal of Applied Physics, 2009, 106(7): 073307.

[92] Wang J, Li Y, Cheng B, et al. Effects of plasma aerodynamic actuation on oblique shock wave in a cold supersonic flow. Journal of Physics D: Applied Physics, 2009, 42(16): 165503.

[93] 李益文, 李应红, 张百灵, 等. 基于激波风洞的超声速磁流体动力技术实验系统. 航空学报, 2011, 32(6): 1011-1024.

[94] 李钢, 聂超群, 朱俊强. 介质阻挡放电等离子体流动控制实验研究. 工程热物理学报, 2008, 29(7): 1117-1120.

[95] 李钢, 黄卫兵, 朱俊强. 平板边界层等离子体流动控制的数值模拟. 航空动力学报, 2007, 22(12): 2073-2077.

[96] 刘华坪, 陈浮, 袁继来. 等离子体影响平板边界层流动的机理研究. 科学技术与工程, 2010, 10(5): 1132-1138.

[97] 张涵信, 周恒. 流体力学的基础研究. 世界科技研究与发展, 2001, 23(1): 15-18.

[98] Berry S A, DiFulvio M, Kowalkowski M K. Forced boundary layer transition on X-43 (Hyper-X) in NASA LaRC 31-Inch Mach 10 Air Tunnel. NASA TM, 2000, 210315.

[99] Berry S A, DiFulvio M, Kowalkowski M K. Forced boundary layer transition on X-43 (Hyper-X) in NASA LaRC 20-Inch Mach 6 Air Tunnel, NASA TM, 2000, 210316.

[100] Berry S A, Nowak R J, Horvath T J. Boundary layer control for hypersonic airbreathing vehicles. AIAA, 2004, 2246.

[101] Duan L, Wang X, Zhong X. A high-order cut-cell method for numerical simulation of hypersonic-boundary transition with surface roughness. AIAA, 2008, 3732.

[102] Orlik E, Fedioun I, Davidenko D. Boundary layer transition on a hypersonic forebody: experiments and calculations. AIAA, 2009, 7352.

[103] Bertin J J, Hayden T E, Goodrich W D. Shuttle boundary-layer transition due to distributed roughness and surface cooling. Journal of Spacecraft and Rockets, 1982, 19(5): 389-396.

[104] Bouslog S A, Bertin J J, Berry S A, et al. Isolated roughness induced boundary-layer transition: shuttle orbiter ground tests and flight experience. AIAA, 1997, 0274.

[105] 李京伯. 用声激发扰动控制边界层转捩. 空气动力学学报, 1994, 12(2): 165-170.

[106] Schneider S P, McGuire J B, Collicott S H, et al. Laser-generation of controlled localized perturbations for boundary-layer transition research. IEEE, 1995, CH34827-9510000-11.1.

[107] Schmisseur J D, Schneider S P, Collicott S H. Supersonic boundary-layer response to optically generated freestream disturbances. Experiments in Fluids, 2002, 33(2): 225-232.

[108] Schmisseur J D, Collicott S H, Schneider S P. Laser-generated localized freestream perturbations in supersonic and hypersonic flows. AIAA Journal, 2000, 38(4).

[109] Cheng F, Zhong X, Gogineni S, et al. Effect of applied magnetic field on the instability of Mach 4.5 boundary layer over a flat plate. AIAA, 2002, 0351.

[110] Palm P, Meyer R, Bezant A, et al. Feasibility study of MHD control of cold supersonic plasma flows. AIAA, 2002, 0636.

[111] Palm P, Meyer R, Plönjes E, et al. MHD effect on a supersonic weakly ionized flow. AIAA, 2002, 2246.

[112] Kimmel R L, Gogineni S, Adamovich I, et al. Update on MHD control of supersonic/hypersonic boundary-layer transition. AIAA, 2003, 6924.

[113] Kimmel R L, Hayes J, Crafton J, et al. Surface discharges for high-speed boundary layer control. AIAA, 2006, 710.

[114] van Wie D M, Nedungadi A. Plasma aerodynamic flow control for hypersonic inlets. AIAA, 2004, 4129.

[115] Kahler C J. Perspective of non-intrusive flow control with lasers. CEAS/KATnet Conference on Key Aerodynamic Technologies, Bremen, Germany, 2005.

[116] Heitmann D, Kähler C, Radespiel R, et al. Investigation of laser generated flow pertur-
      bations in hypersonic flow over a flat plate. Seattle, Washington. 38th Fluid Dynamics
      Conference and Exhibit
, AIAA, 2008.

[117] Heitmann D, Radespiel R, Knauss H. Experimental study of Mach 6 boundary layer
      response to laser generated disturbances. AIAA, 2011, 3876.

[118] Heitmann D, Radespiel R. Simulation of the interaction of a laser generated shock wave
      with a hypersonic conical boundary layer. AIAA, 2011, 3875.

[119] Anderson J D. Fundamentals of Aerodynamics. 4th ed. Beijing: Aviation Industry
      Press，2010.

[120] Khotyanovsky D V, Kudryavtsev A N, Ivanov M S. Effects of a single-pulse energy
      deposition on steady shock wave reflection. Shock Waves, 2006, 15:353-362.

[121] Khotyanovsky D V, Knight D, Kudryavtsev D, et al. Numerical study on laser-induced
      shock wave reflection transition. 5th International Workshop on Shock/Vortex Interac-
      tion, 2003.

[122] Kandala R, Candler G V. Computational modeling of localized laser energy deposition
      in quiescent air. 33rd Plasmadynamics and Lasers Conference, Maui, Hawai. AIAA,
      2002, 2160.

[123] Kandala R, Candler G V. Computational simulation of laser-introduced plasmas for
      supersonic flow control. 42nd AIAA Aerospace Sciences Meeting and Exhibit, Reno,
      Nevada, AIAA, 2004, 989.

[124] Kandala R, Candler G V, Glumac N, et al. Simulation of laser-introduced plasmas
      experiments for supersonic flow control. 43rd AIAA Aerospace Sciences Meeting and
      Exhibit, Reno, Nevada, AIAA, 2005, 205.

[125] Kandala R. Numerical Simulations of Laser Energy Deposition for Supersonic Flow
      Control. Minneapolis, MN: The University of Minnesota, 2005.

[126] 吴文堂, 洪延姬, 王殿恺, 等. 激光能量注入控制IV型激波干扰的数值研究. 强激光与粒子
      束, 2014, 26(2): 44-49.

[127] 廖钦. 煤油及其裂解产物自点火现象的初步实验研究. 合肥: 中国科学技术大学, 2009.

[128] 伍荣林, 王振羽. 风洞设计原理. 北京: 北京航空学院出版社, 1985.

编　后　记

　　《博士后文库》（以下简称《文库》）是汇集自然科学领域博士后研究人员优秀学术成果的系列丛书。《文库》致力于打造专属于博士后学术创新的旗舰品牌，营造博士后百花齐放的学术氛围，提升博士后优秀成果的学术和社会影响力。

　　《文库》出版资助工作开展以来，得到了全国博士后管委会办公室、中国博士后科学基金会、中国科学院、科学出版社等有关单位领导的大力支持，众多热心博士后事业的专家学者给予积极的建议，工作人员做了大量艰苦细致的工作。在此，我们一并表示感谢！

《博士后文库》编委会